IMPERMEABILIZAÇÃO

Blucher

AUTORES
Maraysa Woloszyn
Gihad Mohamad

COAUTORES
Rogério Cattelan Antocheves de Lima
Alexandre Silva de Vargas

IMPERMEABILIZAÇÃO

Construindo o conhecimento

Impermeabilização: construindo o conhecimento

Publisher Edgard Blücher
Editores Eduardo Blücher e Jonatas Eliakim
Coordenadora de produção Andressa Lira
Produção editorial Kedma Marques
Diagramação Maraysa Woloszyn
Revisão de texto Gabriela Castro
Capa e imagem da capa Maraysa Woloszyn

Blucher

Rua Pedroso Alvarenga, 1245, 4º andar
04531-934 – São Paulo – SP – Brasil
Tel.: 55 11 3078-5366
contato@blucher.com.br
www.blucher.com.br

Segundo o Novo Acordo Ortográfico, conforme 6. ed. do *Vocabulário Ortográfico da Língua Portuguesa*, Academia Brasileira de Letras, julho de 2021.

Dados Internacionais de Catalogação na Publicação (CIP)
Angélica Ilacqua CRB-8/7057

Impermeabilização : construindo o conhecimento/ Maraysa Woloszyn... [et al]. – São Paulo: Blucher, 2024.
132 p. : il., color.

Bibliografia
ISBN 978-65-5506-655-5

1. Engenharia civil 2. Impermeabilização
I. Woloszyn, Maraysa

23-2585 CDD 624

Índices para catálogo sistemático:
1. Engenharia civil

Prefácio

Materiais de construção se referem aos produtos orientados à sua permanência por muito tempo nas construções. Ao longo do tempo, todo o material sofre as ações do meio no qual está inserido, especialmente quando exposto à água e a umidade. Alguns reagem mais e têm sua durabilidade comprometida, afetando inclusive outros componentes da edificação.

Toda a construção traz o impacto ao meio, e este procura retomar seu curso anterior. A água da chuva e, por consequência, a umidade e todas as suas formas de manifestação, que eram absorvidas diretamente no solo e deste conduzidas aos cursos de água, tendem a procurar seu caminho no edifício que foi colocado onde antes existia material farto para sua absorção.

Cabe ao profissional da construção responder com conhecimento técnico, apresentando soluções para que a água seja conduzida para fora da edificação, pois sua incorporação indica o dano desde a diminuição da vida útil de suas partes até sua ruína se não reparado. Mas não se trata exclusivamente da proteção do patrimônio edificado, e sim daquilo que o edifício proporciona a seus ocupantes além do abrigo: a qualidade do ambiente construído.

Um dos fatores que mais contribui para a redução da vida útil da construção está relacionado à impermeabilização, cujo emprego correto contribui para aumentar a vida útil da edificação, qualificando o ambiente construído por meio da prevenção. Recursos não preservados se tornam resíduos, na maioria das vezes de difícil reaproveitamento, e necessitam da incorporação de novos materiais, contribuindo negativamente para a sustentabilidade ambiental.

Considerando que um sistema de impermeabilização está relacionado a uma boa especificação e à condução correta da execução, o trabalho apresentado neste livro aborda um interessante passo-a-passo, desde as questões de projeto até soluções passivas por meio do correto detalhamento de projeto e de fatores que incorporam a boa técnica, a escolha dos materiais mais adequados às diferentes situações e o emprego de novos materiais e suas aplicações que permeiam a sustentabilidade ao setor da construção.

Este livro é uma importante contribuição ao tema: didaticamente bem-organizado, ricamente ilustrado e com a habilidade dos autores em tornar a informação de fácil entendimento, tanto a profissionais como aos iniciantes no setor da construção civil.

Prof. Dr. Hilton A. V. Fagundes

Autores

Maraysa Woloszyn

Graduada em Arquitetura e Urbanismo pela Universidade Federal de Pelotas (UFPEL) em 2008, pós-graduada em Arquitetura Comercial com ênfase em Construtibilidade pela Universidade do Oeste Catarinense (UNOCHAPECÓ) em 2014, pós-graduada em Gerenciamento na Construção Civil pela Universidade Franciscana (UNIFRA) em 2019 e mestre em Engenharia Civil pela Universidade Federal de Santa Maria (UFSM) em 2022. Tem experiência em projetos arquitetônicos residenciais, comerciais, interiores, projetos urbanos de loteamentos e condomínios fechados, acompanhamento de obras, entre outros.

Gihad Mohamad

Graduado em Engenharia Civil pela Universidade Federal de Santa Maria (UFSM) em 1996, mestrado em Engenharia Civil pela mesma Universidade em 1998, doutorado em Engenharia Civil pela Universidade do Minho, Portugal em 2007, pós-doutorado na Eindhoven University of Technology, Holanda em 2015. Atualmente é professor associado da Universidade Federal de Santa Maria (UFSM), líder do Grupo de Pesquisa em Desempenho do Sistema Construtivo (GPeDeSC) e professor permanente do Programa em Engenharia Civil (PPGEC). Tem experiência na área de Engenharia Civil, com ênfase em Alvenaria Estrutural, Concreto Armado, Sistemas de Revestimentos Argamassados e Educação Tecnológica.

Coautores

Rogério Cattelan Antocheves de Lima

Graduado em Engenharia Civil pela Universidade Federal de Santa Maria (UFSM) em 1998, mestrado em 2001, doutorado em 2005 e pós-doutorado em 2006, em Construção Civil pela Universidade Federal do Rio Grande do Sul (UFRGS), pós-doutorado em Engenharia de Segurança Contra Incêndio pela Universidade de Coimbra, Portugal em 2015. Atualmente é professor titular da Universidade Federal de Santa Maria (UFSM), atuando no Programa de Pós-graduação em Engenharia Civil e no curso de Graduação em Engenharia Civil. Suas principais áreas de atuação são desempenho de edificações habitacionais, segurança contra incêndios; durabilidade e vida útil; patologia e terapia; sistemas construtivos inovadores.

Alexandre Silva de Vargas

Graduado em Engenharia Civil pela Universidade Federal do Rio Grande do Sul (UFRGS) em 2000, mestrado em 2002 e doutorado em 2006, em Metalurgia Extrativa/Tecnologia Mineral pela Universidade Federal do Rio Grande do Sul (UFRGS), e pós-doutorado em Engenharia Civil pela mesma Universidade, em 2015. Entre 2004 - 2005 parte do curso de doutorado foi realizado na Escola de Engenharia Civil da Universidade do Minho, Portugal. Atualmente é professor adjunto da Universidade Federal de Santa Maria, atuando no Programa de Pós-graduação em Engenharia Civil e no curso de Graduação em Engenharia Civil. Tem experiência na área de Engenharia Civil, com ênfase na execução de obras. Desenvolve trabalhos na linha de pesquisa de caracterização e desenvolvimento de materiais e componentes para a construção civil.

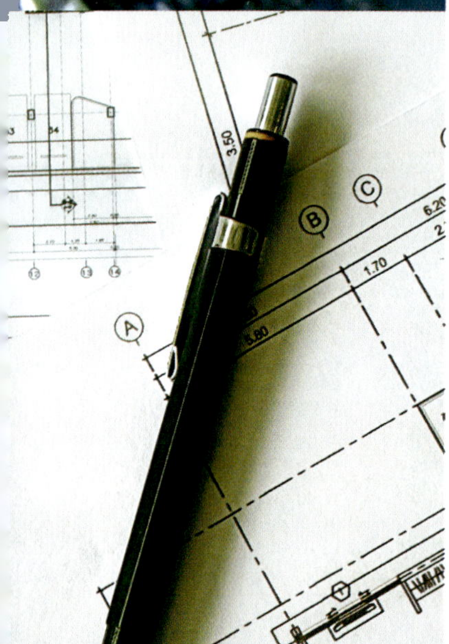

1 Considerações iniciais

1. CONSIDERAÇÕES INICIAIS

O aumento no número de construções de habitação residencial no Brasil gerou uma grande demanda de mão de obra, ampliando a competitividade das empresas do setor da construção civil. Isso se deve, principalmente, pela atual expansão de crédito imobiliário para as habitações de interesse social nas mais diferentes tipologias de sistemas construtivos. Esta crescente necessidade de aprimoramento de projeto e os desafios com relação a mão de obra têm sido destaques importantes para engenheiros e arquitetos. Por isso, é importante construir rápido e com qualidade, sem afetar a vida útil (VU) do edifício habitacional e o desempenho do projeto ao longo do tempo. Com o intuito de melhorar a habitabilidade do ambiente construído, surge a necessidade de se estabelecer normas, como a Norma de Desempenho (ABNT NBR 15575 - Edificações Habitacionais: Desempenho), que contribui para difundir as melhores práticas de projeto e execução das edificações. A aplicação dessas normas proporciona aos seus usuários as bases legais para exigir um melhor nível de qualidade da construção quanto a segurança, habitabilidade e sustentabilidade.

Para o projeto de uma edificação, vários processos devem ser considerados, desde a concepção da ideia, do treinamento da mão de obra para a execução e da definição da tipologia construtiva, até a sua finalização com o entorno paisagístico. Portanto, o projeto arquitetônico deve ser concebido levando em consideração pontos que podem interferir na qualidade da edificação, como a escolha do sistema construtivo, dos materiais a serem empregados, dos componentes construídos e elementos estruturais, dos posicionamentos de escadas, sacadas, áreas úmidas, espaços técnicos para passagens de instalações elétricas e hidráulicas, dos acabamentos, das impermeabilizações e das juntas de dilatação e controle.

Neste contexto, o projeto deve definir os parâmetros de desempenho dos sistemas que compõem o edifício habitacional e da vida útil (VU) do edifício habitacional e dos sistemas que o compõem, com base nas exigências do usuário. Salienta-se, porém, que a VU está relacionada também à devida realização dos serviços de manutenção, especificados no Manual de Uso, Operação e Manutenção da edificação (NBR 14037, 2011). Sendo assim, os **estudos científicos e retroanálise pós-ocupação** das edificações são fundamentais para subsidiar os projetistas a compreender as diferentes tecnologias, as suas vinculações e as ações que podem levar à diminuição da VU dos sistemas e da edificação.

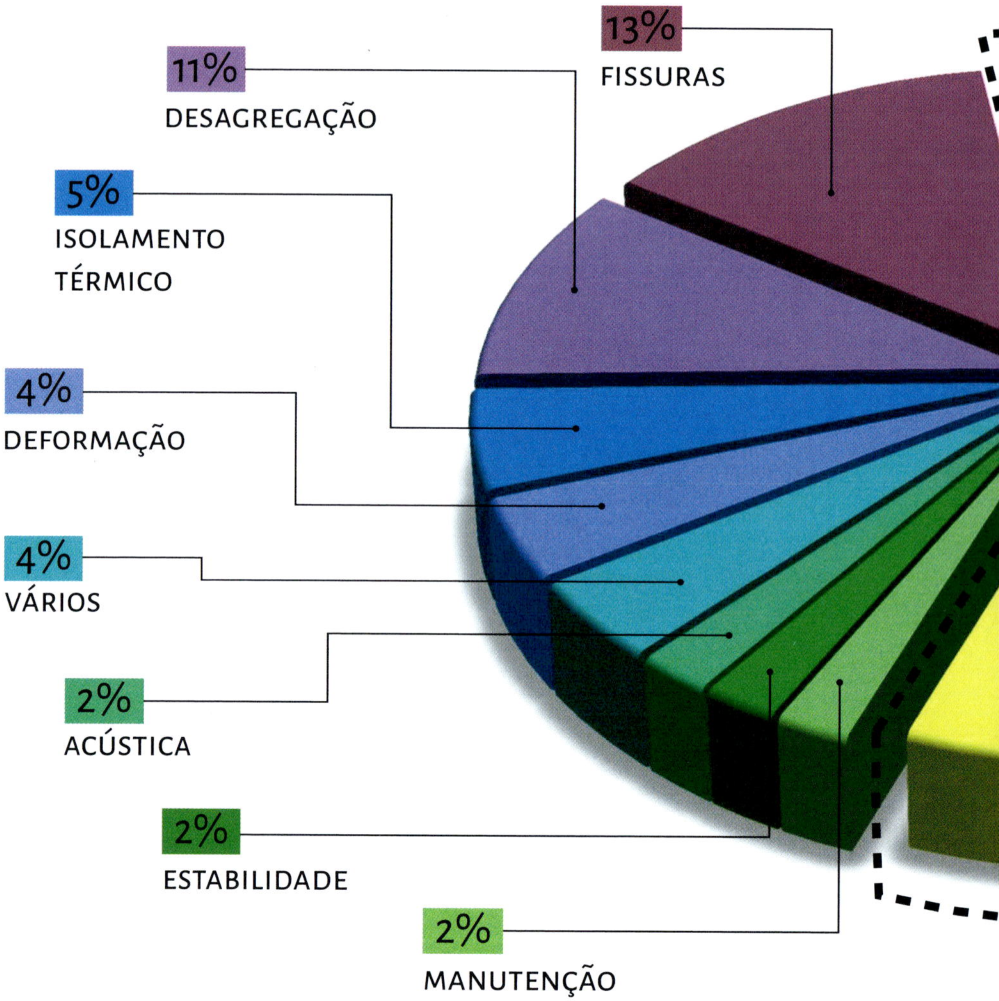

Figura 1.1 - Distribuição das anomalias mais encontradas em edifícios.
Fonte: Adaptado de CSTC* em Oliveira (2013).

**CENTRE SCIENTIFIQUE ET TÉCHNIQUE DE LA CONSTRUCTION (CSTC), - L'humité dans les construtions. CSTC, NIT 210, Bruxelles, 1998.*

Na Figura 1.1, os dados estatísticos demonstram que mais de 50% das manifestações patológicas encontradas pelos vários intervenientes das construções são provocadas, direta ou indiretamente, pela ação da umidade (Oliveira, 2013). Corrosão, fungos (mofo e bolor), fissuras, destacamento do revestimento, degradação superficial, eflorescências e umidade superficial são aspectos verificados cotidianamente nas edificações.

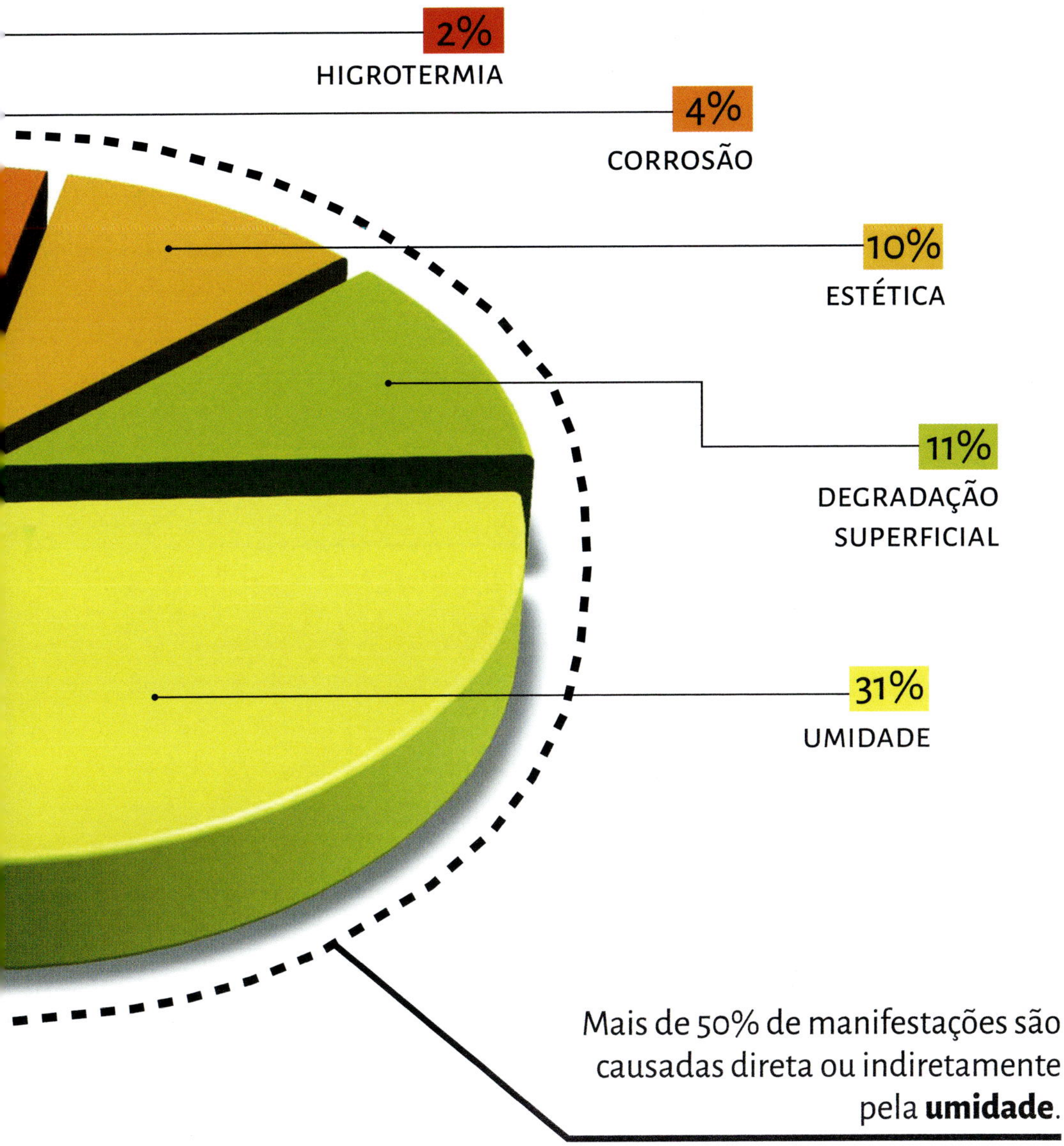

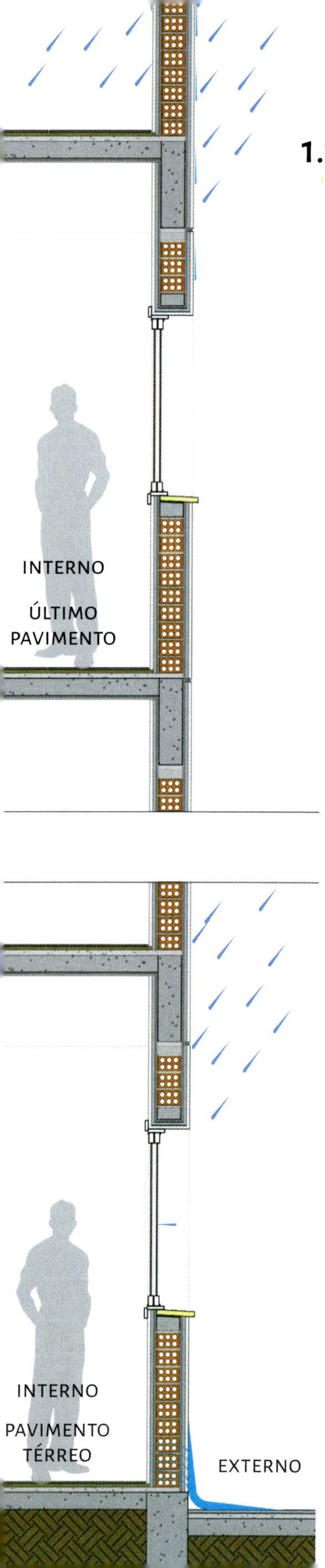

1.1 AÇÃO DA UMIDADE NAS EDIFICAÇÕES

Muitas manifestações patológicas decorrentes da umidade podem reduzir a vida útil dos sistemas e da edificação. Estas manifestações podem ser mitigadas a partir de projetos arquitetônico e executivo com maior detalhamento, especificações de materiais e componentes de melhor qualidade e técnicas executivas adequadas para cada serviço. Citam-se, como exemplos, para reduzir as manifestações patológicas decorrentes da umidade: detalhes construtivos de fachadas, entre eles as molduras horizontais e/ou frisos, especificações de sistemas de tintas e texturas que contribuam para a sua estanqueidade; detalhes construtivos das pingadeiras – caimento, presença de friso, profundidade em que o elemento adentre nas paredes laterais; presença de vergas e contravergas que evitem a formação de fissuras nos vértices das esquadrias, o que pode ser um ponto de infiltração; especificação das esquadrias e técnicas de instalação que permitam que o componente construtivo tenha estanqueidade à água; especificação correta da inclinação das coberturas.

Grande parte desses problemas se deve à inexistência de detalhes específicos de impermeabilização ou de elementos que retiram a umidade do contato com a construção, do inadequado acompanhamento da execução e a falta de treinamento da mão de obra para a execução dos serviços.

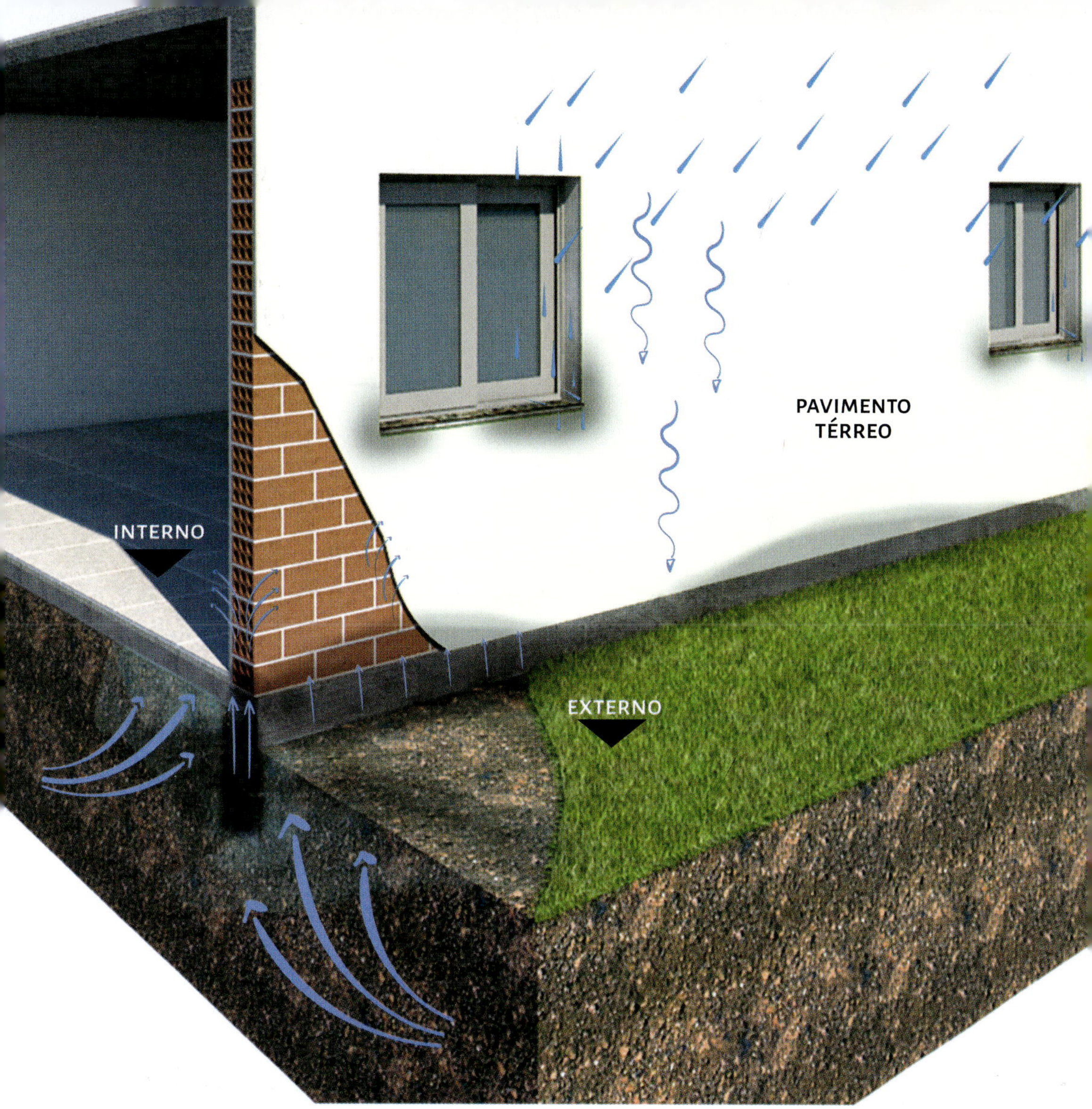

Figura 1.2 - Representação da ação da água da chuva em uma edificação.

1.2 PREOCUPAÇÃO COM DETALHES CONSTRUTIVOS

Os detalhamentos construtivos são fundamentais para a diminuição dos problemas patológicos devido à ação da umidade na edificação. Cuidados devem ser tomados nas escolhas dos revestimentos externos, na escolha do tipo de pintura, da junta de controle do revestimento externo da fachada, da proteção da umidade no beiral da laje de cobertura, dos acabamentos do contato da parede com a calha, do dimensionamento dessas calhas e tubos de queda pluvial e dos acabamentos do peitoril da janela, juntamente à sua inclinação e pingadeira.

Figura 1.3 - Ação da água na extensão da fachada em um edifício residencial.

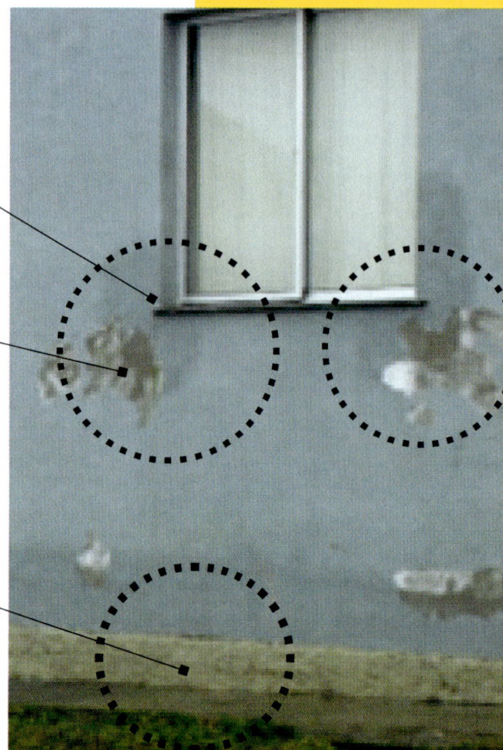

Figura 1.4 - Ação da água na fachada de um edifício residencial.

1.3 CONDICIONANTES EXTERNOS

A edificação é um invólucro resistente, cuja função principal é proteger o ser humano das ações externas oriundas do **vento**, **temperatura** e **chuva**. Para tanto, a etapa mais importante quanto à idealização de uma edificação é, sem dúvida, o desenvolvimento de um bom projeto arquitetônico detalhado, aliado à escolha de materiais e de técnicas executivas que protejam a edificação de todas as ações atuantes e suas interfaces.

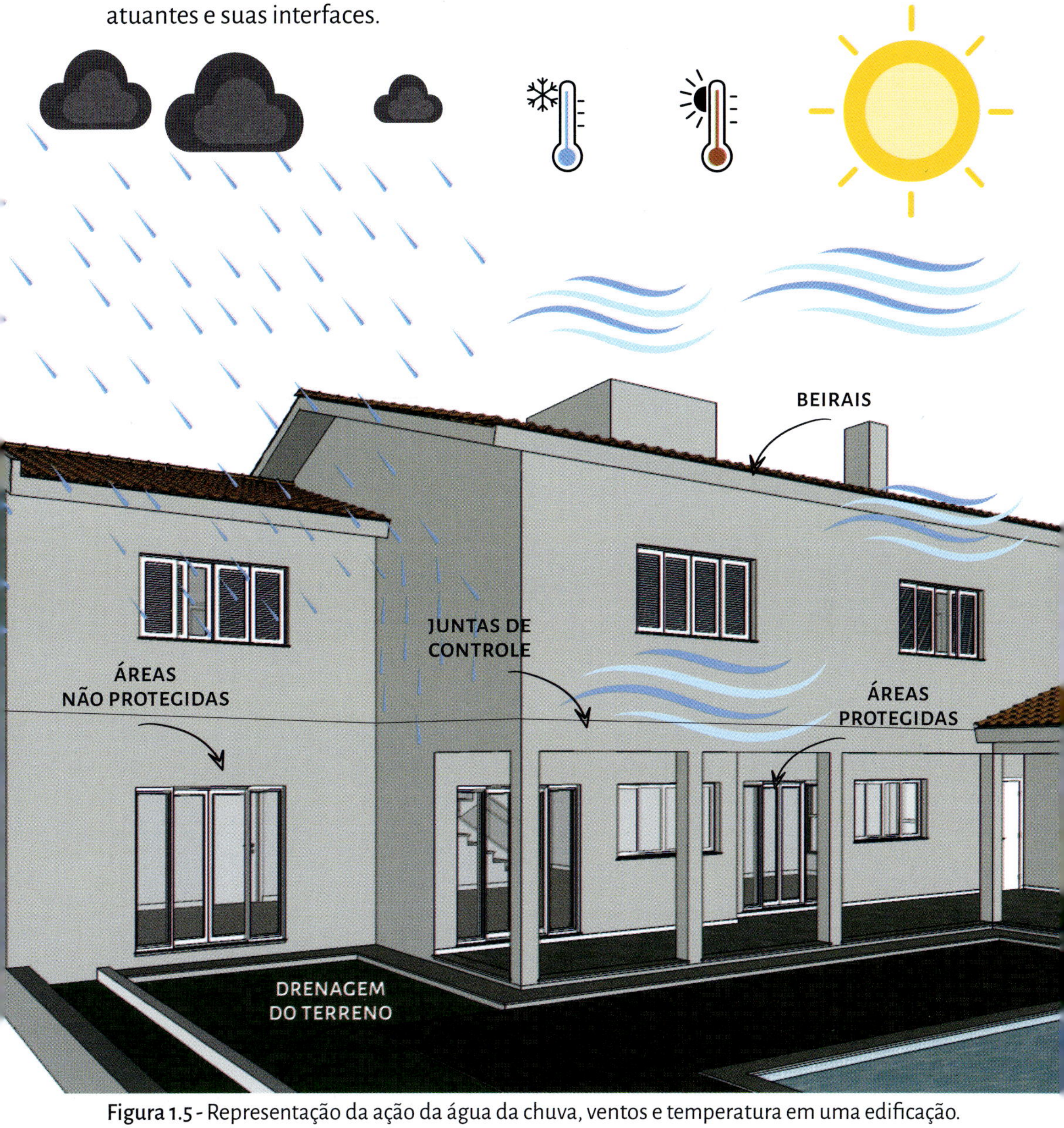

Figura 1.5 - Representação da ação da água da chuva, ventos e temperatura em uma edificação.

1.4 CONDICIONANTES TÉCNICOS

Existem pontos de grande relevância que devem ser analisados de forma mais global entre o desenvolvimento do projeto arquitetônico e a execução da obra, ou seja, deve-se analisar **possíveis interferências dos sistemas** e **elementos construtivos**, que estão conectados entre si, como o sistema estrutural com o sistema hidrossanitário, ou o sistema de impermeabilização com os demais projetos complementares.

A boa técnica recomenda que todos os profissionais compatibilizem os seus respectivos projetos, após a definição de todos os itens de projeto, para que possíveis erros e problemas sejam verificados antes mesmo de iniciar a obra. Assim, quando a obra for executada, os problemas são minimizados e, com isso, o cliente poupa tempo e dinheiro.

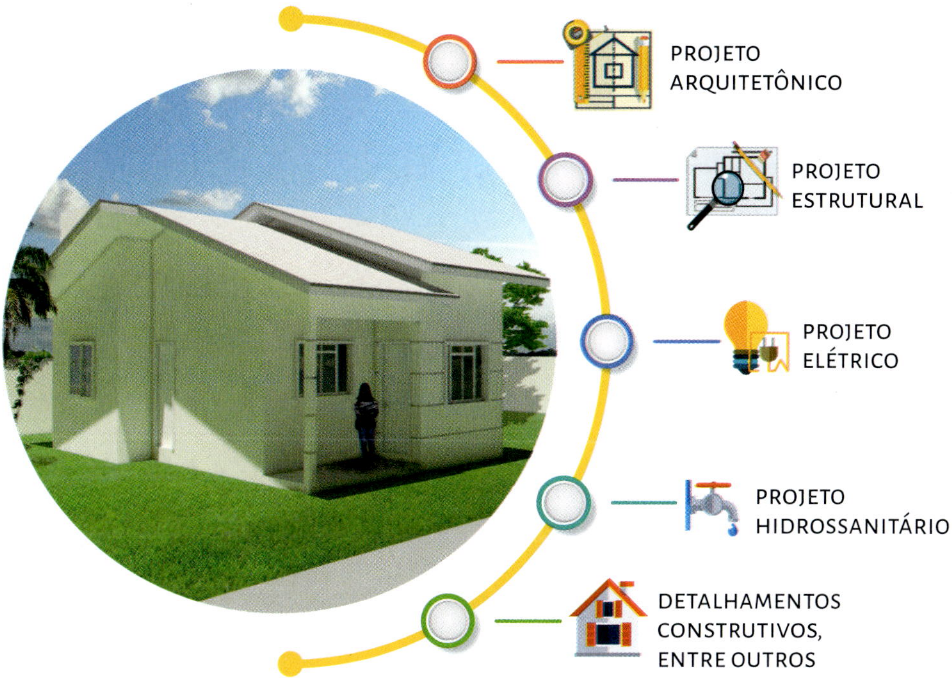

Como procedimentos técnicos que podem mitigar as manifestações patológicas decorrentes da umidade citam-se:

a) **em fachadas:** especificação da união alvenaria/estrutura ("encunhamento"); reforços na união pilar e alvenaria; especificação e controle tecnológico das argamassas de revestimento; detalhes construtivos das molduras horizontais e/ou dos frisos; juntas de movimentação (trabalho); especificação de sistemas de pintura;

b) **nas esquadrias:** vergas e contravergas; detalhes construtivos dos peitoris – tipo de acabamento, inclinação da face superior, lacrimal na face inferior, profundidade em que o acabamento adentre nas paredes laterais e a distância em que o acabamento se projete em relação ao alinhamento da fachada; especificação das esquadrias e técnicas de instalação que permitam que o componente construtivo tenha estanqueidade à água;

c) **nas platibandas e muros:** tipo e inclinação de rufos;

d) **nas coberturas:** inclinação;

e) **nos sistemas de impermeabilização:** materiais e técnicas executivas.

CONCEITOS IMPORTANTES AOS PROJETISTAS:

■ PARA OS COMPONETES DA ESTRUTURA E VEDAÇÃO: PROPRIEDADES FÍSICAS COMO ABSORÇÃO/RETRAÇÃO E PERMEABILIDADE A ÁGUA E AO VAPOR

A absorção de água e a respectiva secagem do material de forma não controlada podem gerar tensões internas que produzem a retração e a fissuração do material. Em uma fachada, a fissuração do revestimento de argamassa pode comprometer o desempenho e a sua vida útil. As Figuras 1.6 e 1.7 mostram exemplos de fissuras por retração em um solo argiloso e em um revestimento externo de argamassa.

Figura 1.6 - Fissuras por retração em solo.

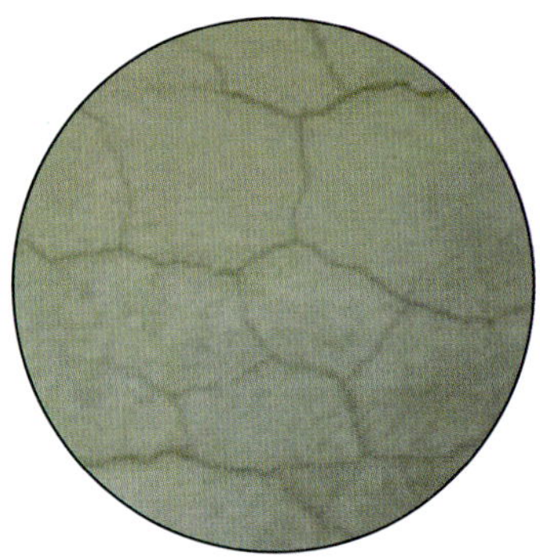

Figura 1.7 - Fissuras por retração em argamassa.

■ COM RELAÇÃO AOS COMPONENTES

A absorção de água dos blocos está indiretamente relacionada com a sua densidade.

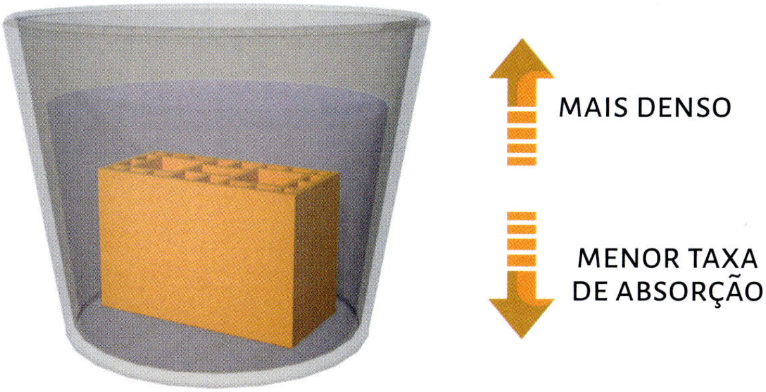

A densidade e a absorção de água afetam:

- A construção;
- O isolamento térmico e acústico;
- A porosidade;
- A aparência e a qualidade da argamassa de assentamento e revestimento.

Para o assentamento de unidades com alta absorção de água, é necessário utilizar argamassa com maior retenção de água ou molhar levemente a superfície de assentamento do bloco. Dessa forma, evita-se a perda de trabalhabilidade decorrente da absorção de água pelos blocos.

A absorção de água média dos blocos de concreto deve ser menor ou igual a 8%, 9% e 10%, respectivamente para as classes A, B e C, quando o agregado constituinte do bloco for de densidade normal, ou menor e igual a 13% (valor médio) ou 16% (valor individual) para o bloco de concreto produzido com agregado leve.

Já para os blocos cerâmicos, o índice de absorção de água dos componentes cerâmicos não deve ser inferior a 8%, nem superior a 22%.

■ RETRAÇÃO NA SECAGEM

A quantidade excedente de água utilizada na preparação do bloco de concreto permanece livre no interior da massa e evapora posteriormente. A evaporação gera forças capilares equivalentes a uma compressão isotrópica da massa, produzindo redução de volume.

Para blocos de concreto com índices de retração inferiores a 0,065%, as solicitações devido à retração por secagem podem ser desprezadas.

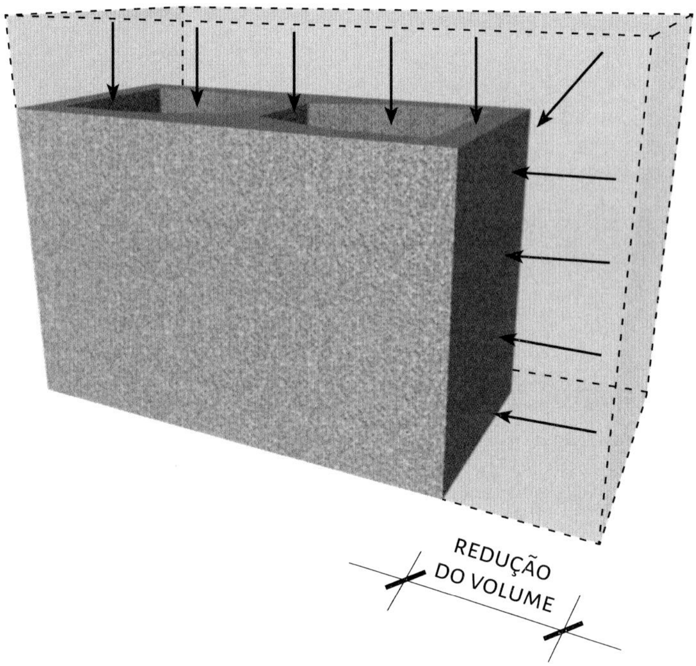

Para o bloco cerâmico, o índice de absorção de água inicial (AAI) é uma importante característica física da unidade cerâmica. É medida pela quantidade de água absorvida por um tijolo seco quando parcialmente imerso em água (profundidade de 3 mm) pelo período de 1 min. Essa AAI, dada em (g/cm2)/min, mede a tendência da unidade em retirar a água da argamassa. Sua magnitude depende das características superficiais da unidade, do tipo de argila empregada e do grau de cozimento da peça. A AAI pode ser chamada de taxa de sucção inicial e afeta a aderência entre a unidade e a argamassa.

1.5 DIFERENTES SISTEMAS E TÉCNICAS CONSTRUTIVAS

Não basta apenas decidir os **aspectos** gerais do projeto arquitetônico, deve-se definir o sistema construtivo. A simples adaptação do projeto ao local, sem considerar todos os intervenientes ou mesmo o impacto ambiental, a necessidade de redução de custos, as leis e normas de cada local, são alguns pontos que podem interferir no desempenho futuro da edificação. A busca de redução de custos pelas empresas, sem levar em consideração a qualidade dos materiais e da mão de obra, pode comprometer a qualidade dos serviços e o desempenho da edificação.

Entre os sistemas construtivos, citam-se:

- Estruturas em concreto armado ou em aço (viga, pilar e laje) com fechamento em tijolos, blocos cerâmicos, blocos de concreto, bloco de concreto celular, fachada cortina etc.;
- Estrutura em paredes estruturais de concreto armado;
- Alvenaria estrutural em blocos cerâmicos ou blocos de concreto, onde a parede é a própria estrutura e a vedação da edificação;
- *Steel Frame* ou *light steel frame* (LSF) em que a estrutura é composta por perfis de aço galvanizado e o fechamento externo realizado por placas cimentícias;
- *Wood Frame* em que a estrutura é composta por perfis de madeira de reflorestamento e o fechamento realizado por placas cimentícias (áreas com umidade) e por placas em OSB (painel de tiras de madeira orientadas), onde não há a presença de umidade.

ALGUNS EXEMPLOS:

■ Estruturas em concreto armado com vedação em pele de vidro

Figura 1.8 - Edifício Torre das Telecomunicações, localizado na cidade de Montevidéo (UY).

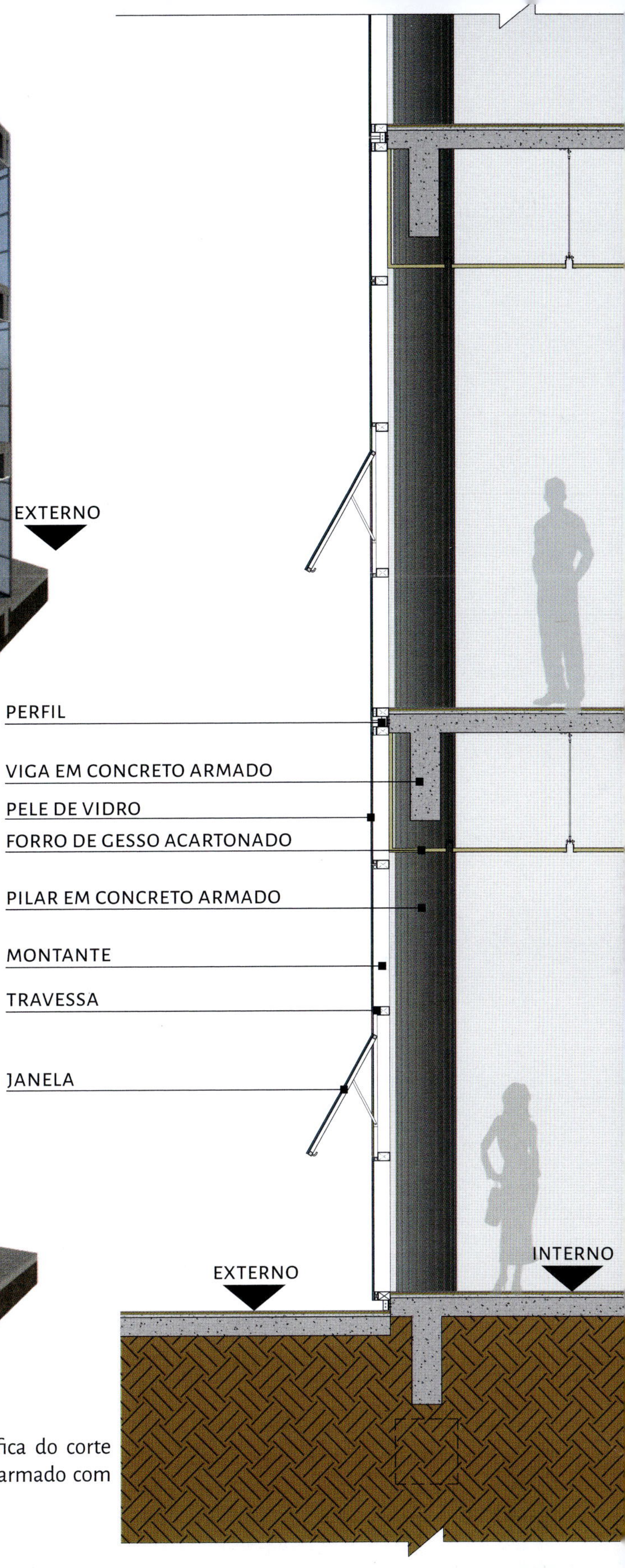

Figura 1.9 - Representação gráfica do corte de uma estrutura em concreto armado com fechamento em pele de vidro.

■ *Light Steel Frame* com fechamento em placa cimentícia

Figura 1.10 - Lado interno de uma obra em adamento de uma edificação em *light steel frame*.

Figura 1.11 - Lado externo da edificação.

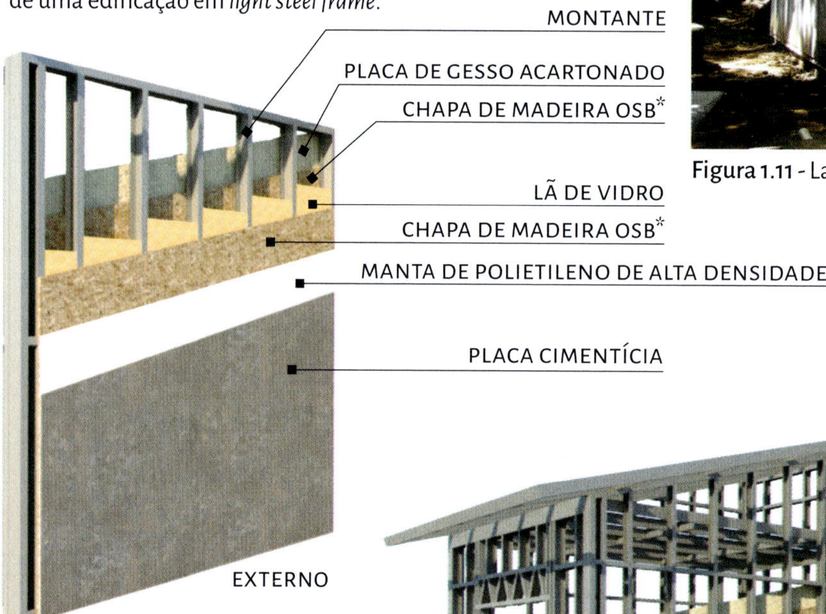

Figura 1.12 - Camadas de fechamento da estrutura em *light steel frame*.

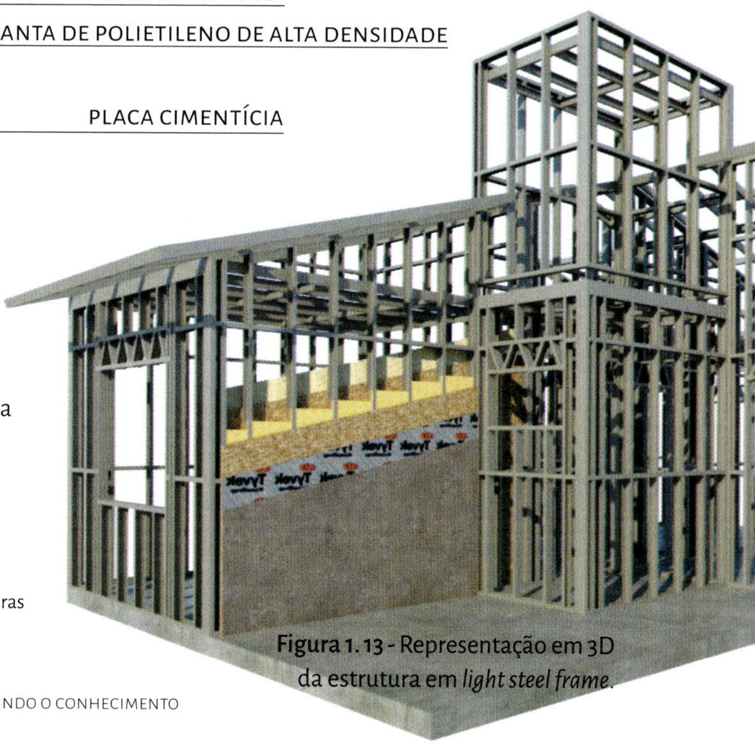

Figura 1. 13 - Representação em 3D da estrutura em *light steel frame*.

* OSB - *Oriented Strand Board* (chapa de tiras de madeira orientadas)

■ Alvenaria estrutural em blocos cerâmicos

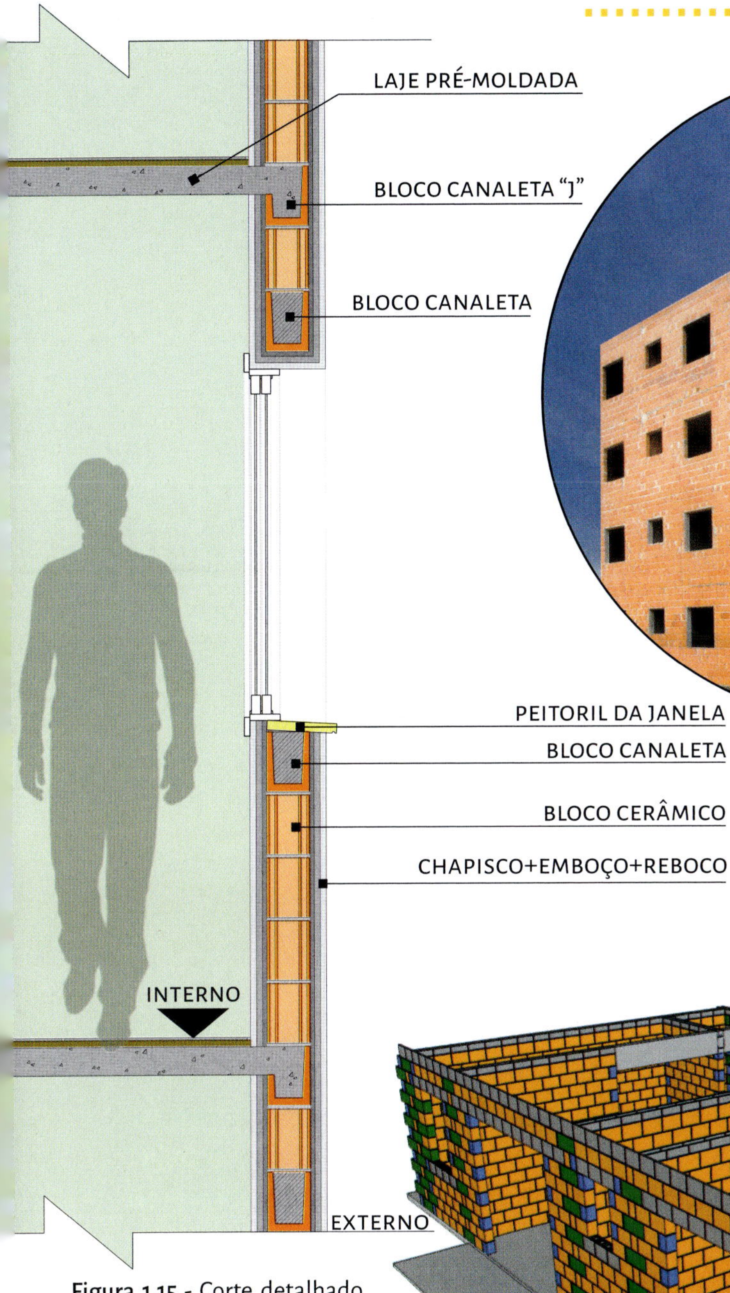

Figura 1.14 - Edifício de alvenaria estrutural em bloco cerâmico.

Figura 1.15 - Corte detalhado da fachada de uma parede de alvenaria estrutural em bloco cerâmico.

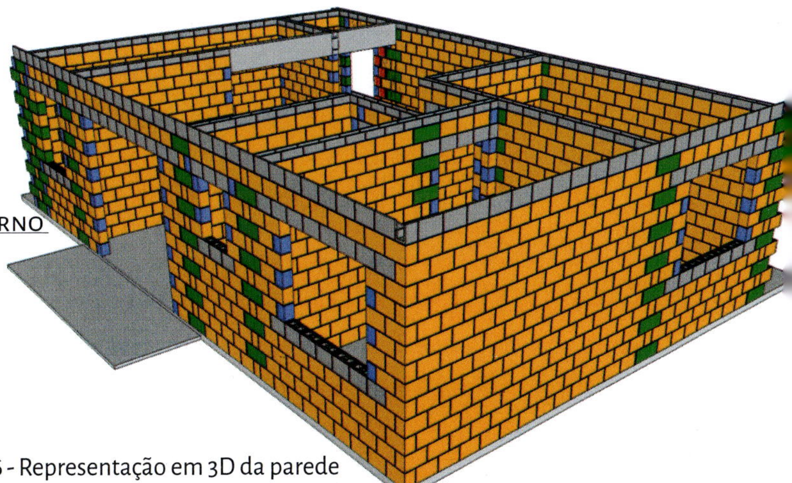

Figura 1.16 - Representação em 3D da parede em alvenaria estrutural em bloco cerâmico.

■ Alvenaria estrutural em blocos de concreto com amarrações grauteadas e armadas

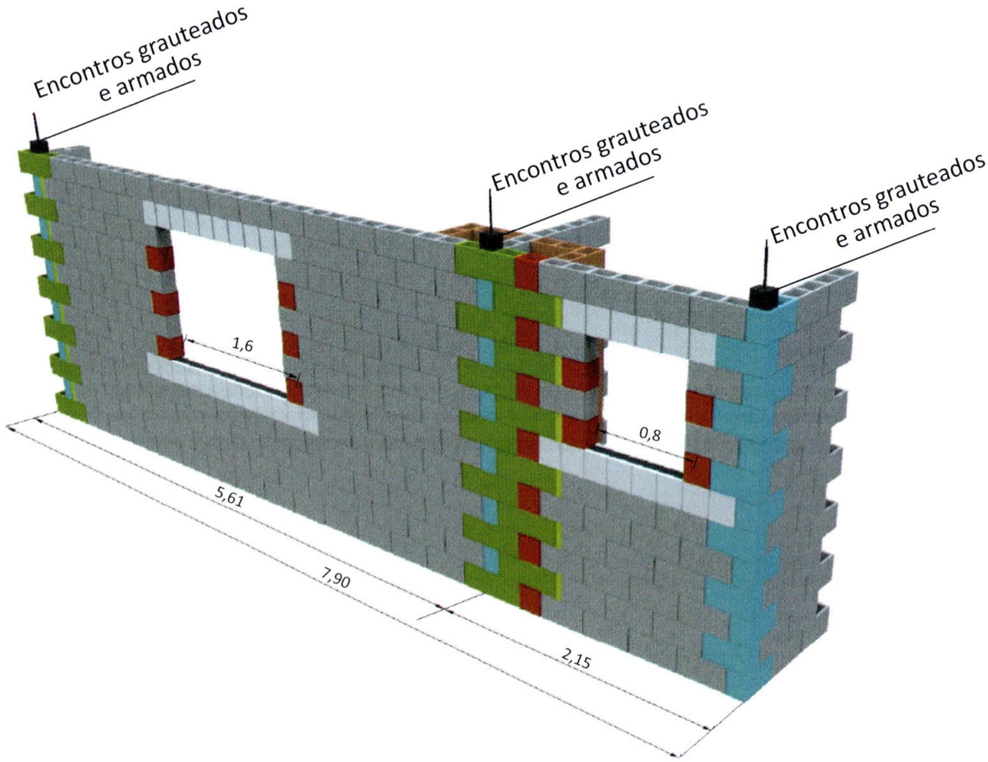

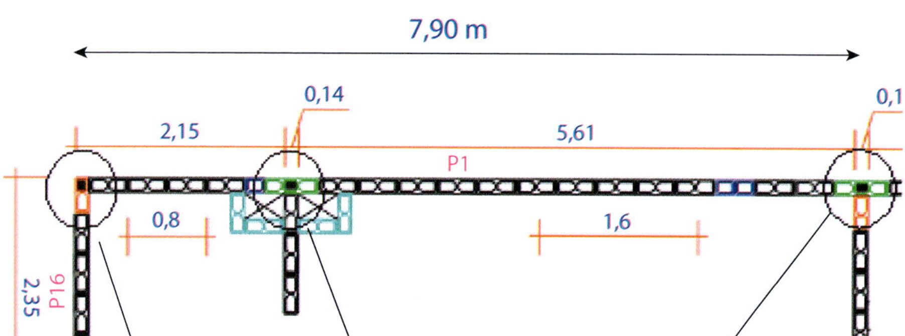

grautear e armar os encontros da parede

■ Estruturas em concreto armado, com viga de bordo e laje nervurada

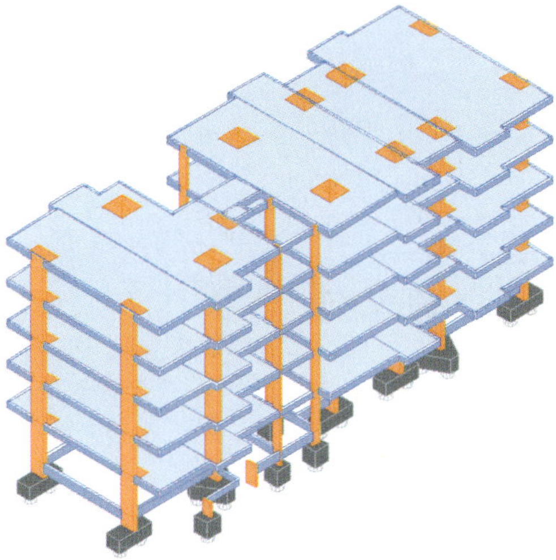

■ Estruturas em concreto armado, com viga, pilar e laje maciça

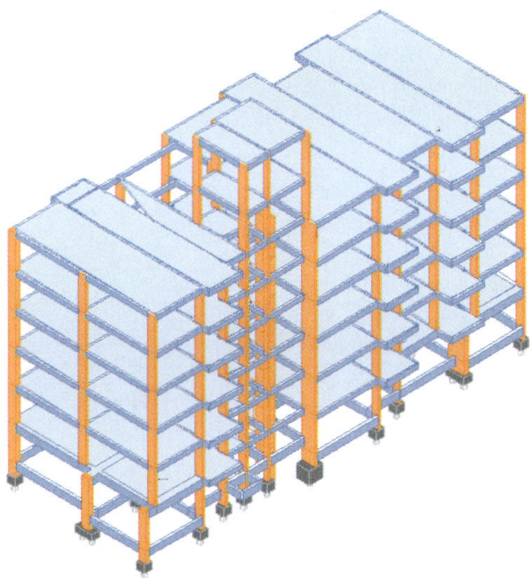

Fatores que impulsionam o emprego de novas técnicas:

- A necessidade de introduzir um ritmo de obra e uma maior produtividade;
- Aumento do número de andares dos edifícios, em função do encarecimento dos terrenos em zonas urbanas (estruturas mais deformáveis);
- Grandes vãos proporcionados por lajes planas e nervuras abrigando mais vagas de garagem;
- A industrialização enquanto um avanço no conceito de racionalização, transformando a construção civil em um processo de montagem.

Concepção do projeto X Tipologias construtivas

Para a elaboração de um projeto arquitetônico, existem várias premissas básicas importantes que devem ser levadas em consideração quando se fala em termos de desempenho da edificação. Entre elas, pode-se considerar o estudo das incidências solares, da direção dos ventos e da incidência da umidade nas áreas externas e internas e o dimensionamento das aberturas que permitem uma maior ventilação e troca de ar interna na edificação. Ao conceber um projeto arquitetônico, o profissional projetista deve definir as tipologias construtivas e os materiais a serem adotados para a execução do sistema construtivo. Além disso, devem ser verificados todos os detalhamentos que possam influenciar no desempenho e, por consequência, na vida útil da edificação.

Sendo a água o principal fluido atuante nas edificações e a grande geradora de problemas patológicos, é importante conhecer as diversas formas de atuação da mesma sobre os elementos construtivos. Sabendo como a água atua nas edificações, podemos definir, através do projeto arquitetônico, quais são os fatores de interferência que precisam ser elencados e definidos juntamente à compatibilização dos demais projetos complementares.

Algumas formas de atuação da água nas edificações:

ÁGUA DE PERCOLAÇÃO → PAREDES, COBERTURAS, PISOS

UMIDADE DO SOLO → FUNDAÇÕES, CORTINAS, PISOS SOBRE SOLO

ÁGUA SOB PRESSÃO → PISCINAS E RESERVATÓRIOS

ÁGUA DE CONDENSAÇÃO → SUPERFÍCIES EXPOSTAS AO VAPOR E AO FRIO

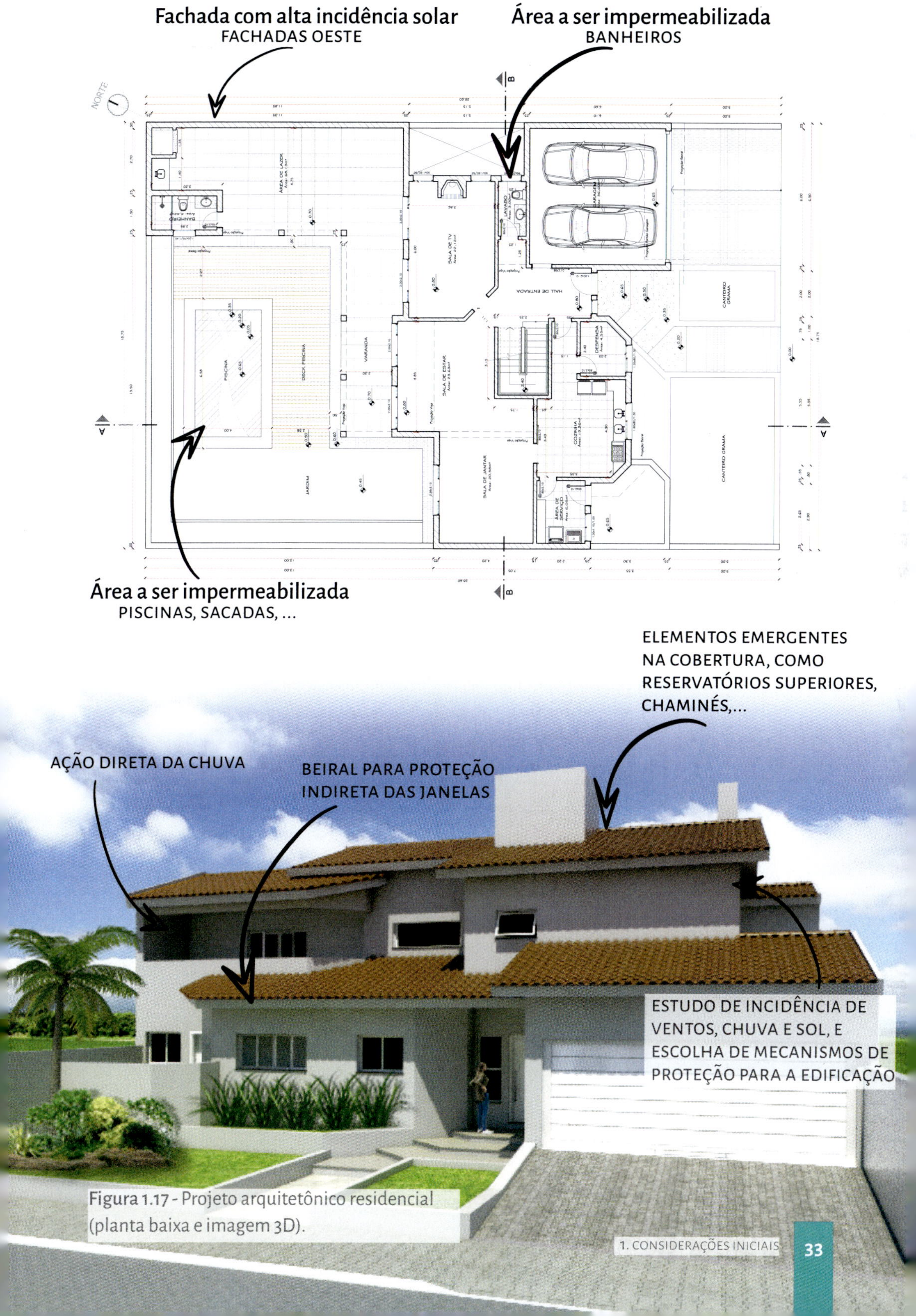

Figura 1.17 - Projeto arquitetônico residencial (planta baixa e imagem 3D).

Alguns aspectos a serem considerados em banheiros:

ESTRUTURAS » ALVENARIA » ABERTURAS » PISO » INSTALAÇÕES

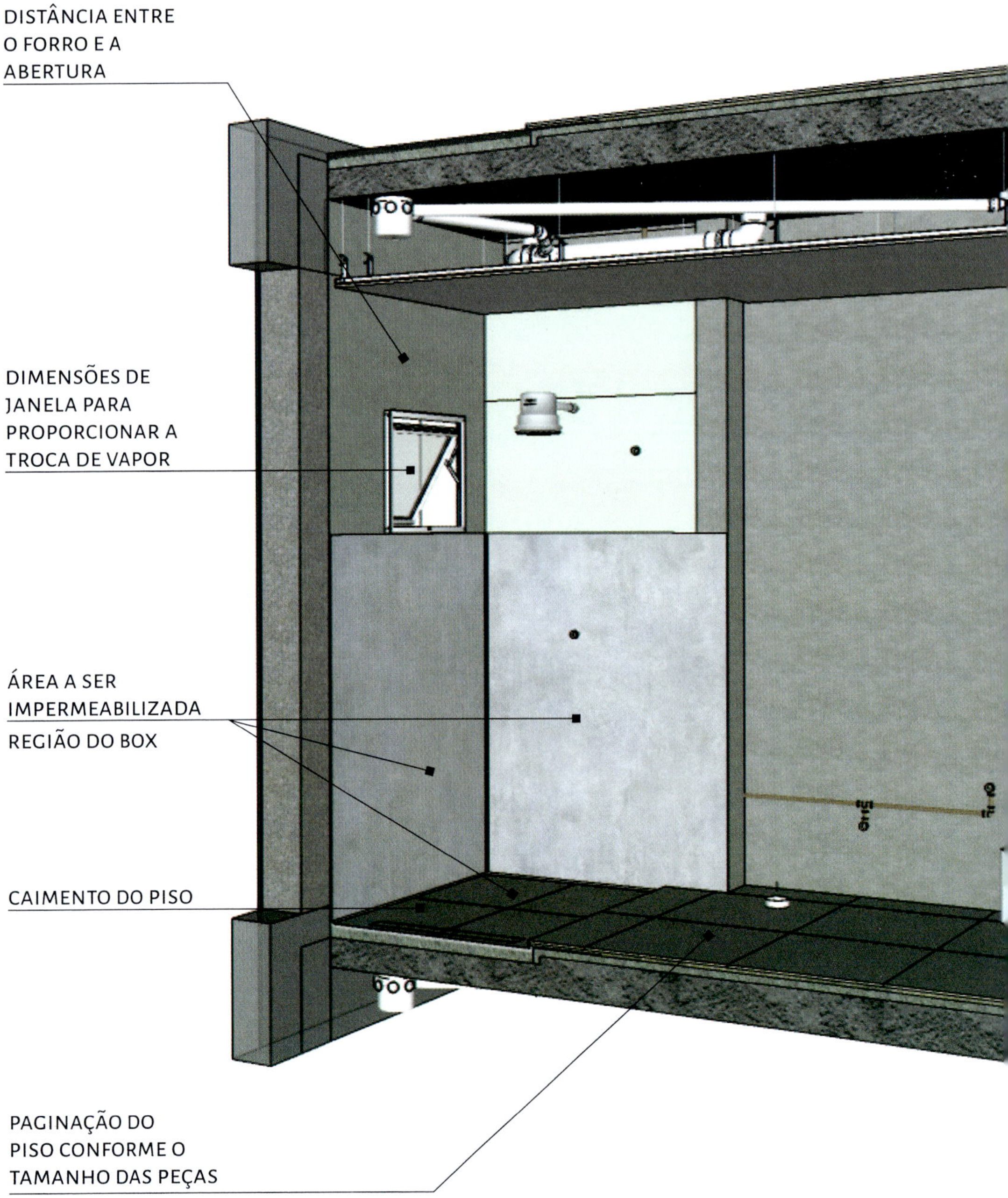

Figura 1.18 - Esquema 3D do projeto de um banheiro.

1.6 COMPATIBILIZAÇÃO DE ESTRUTURAS E INSTALAÇÕES

A compatibilização dos projetos nada mais é do que um meio de analisar de forma conjunta todos os projetos que envolvem o escopo de uma obra (arquitetura, estrutura, instalações hidrosanitárias, impermeabilização, paisagismo, entre outros) e assim detectar e corrigir as possíveis interferências entre si.

Quando não se tem a compatibilização dos projetos, pode-se gerar interferências que afetam o desempenho quanto à qualidade e durabilidade da construção. As Figuras 1.19 e 1.20 mostram exemplos de interferências devido à falta de compatibilização de projeto. É necessário que tanto o projetista arquitetônico quanto o do projeto estrutural e instalações entrem em consenso e façam as modificações necessárias, para que nenhum dos elementos seja afetado.

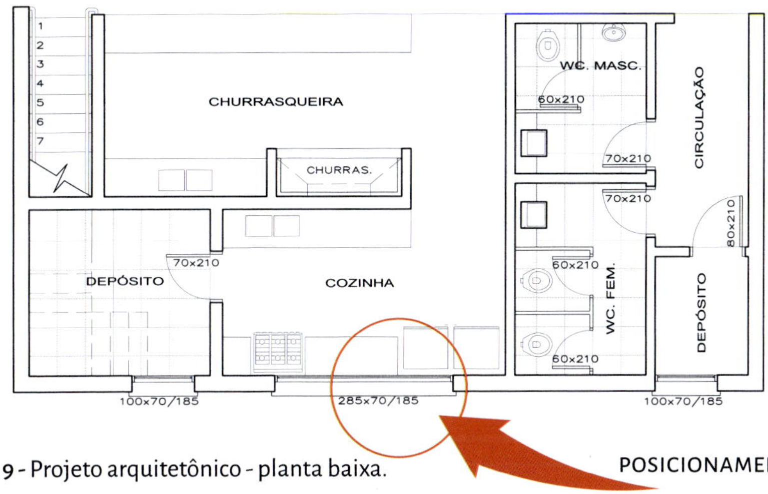

Figura 1.19 - Projeto arquitetônico - planta baixa.

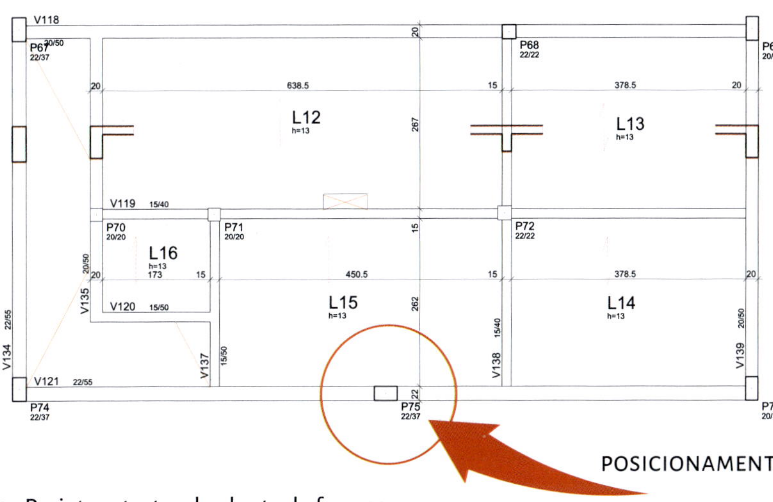

Figura 1.20 - Projeto estrutural - planta de formas.

Exemplos de falta de compatibiliação de projetos

Falta de compatilização entre projeto arquitetônico, estrutural e elétrico:

VIGA DE CINTAMENTO RECORTADA PARA A PASSAGEM DA INSTALAÇÃO ELÉTRICA

ALVENARIA

INSTALAÇÃO ELÉTRICA

Figura 1.21 - Foto de uma parede de obra.

Falta de compatilização entre projeto arquitetônico e instalações hidráulicas:

POSICIONAMENTO DE PONTO DE ÁGUA ABAIXO DA JANELA, NA POSIÇÃO DA CONTRAVERGA

Figura 1.22 - Foto de uma parede de obra.

Na figura 1.23 é apresentada uma laje tipo tavela/vigota sem aberturas para a execução das instalações hidráulicas no banheiro. Isso exige a execução posterior de aberturas em um elemento construtivo já executado, o que poderia ter sido evitado com a compatibilização do projeto estrutural com o projeto hidráulico.

Figura 1.23 - Laje de banheiro sem previsão das instalações.

Acabamento pré-moldado do peitoril da janela, cuja dimensão do beiral é maior que vão da abertura:

Figura 1.24 - Peitoril de janela.

Tendo em vista a relevância do tema sobre impermeabilização, devido ao aumento da frequência de manifestações patológicas em edificações causadas pela umidade, este livro tem como objetivo analisar os sistemas de impermeabilização desde o ponto de vista projetual até sua execução, considerando a identificação de diversos problemas ocasionados pelos diferentes tipos de umidade responsáveis pela infiltração da água e a deterioração da edificação.

Figura 1.25 - Foto de uma parede com manifestação patológica.

Figura 1.26 - Foto de uma parede com manifestação patológica.

1.5 REFERÊNCIAS

ABNT. ASSOCIAÇÃO BRASILEIRA DE NORMAS TÉCNICAS. **NBR 15575**: Edificações habitacionais – Desempenho. Parte 1: Requisitos gerais. Rio de Janeiro, 2013.

OLIVEIRA, J. M. P. **Estudo da durabilidade e eficácia da ação de repelentes de água em fachadas de edifícios recentes.** 2013. Dissertação (Mestrado em Engenharia Civil). Universidade do Porto, Portugal, 2013.

2 Contexto histórico

2. CONTEXTO HISTÓRICO

Desde os primórdios da humanidade, a edificação tem como um dos principais objetivos proteger o homem das intempéries, bem como permitir habitabilidade e funcionalidade nas atividades específicas de vivências do cotidiano. Quando surgiram pequenos agrupamentos comunitários, onde iniciaram as atividades de cultivos de terras, houve a necessidade de criar lugares para armazenar os produtos ou grãos colhidos, preservando-os do contato com a umidade. A impermeabilização, portanto, era primordial para proteger os alimentos, afim de que não estragassem ou deteriorassem ao longo do tempo.

As construções humanas desde suas origens, além do tradicional desafio técnico de vencer a força da gravidade, enfrentam também as leis da hidrologia (KOGAN, 2011), pois grande parte dos materiais empregados à época absorvem água (pedras, tijolos ou madeira) ou se deterioram com a ação da umidade. Mesmo a impermeabilização existindo desde os primórdios, a sua má aplicação ainda é uma das maiores causadoras dos inúmeros problemas patológicos, que deterioram e degradam o ambiente construído até os dias atuais.

Para garantir a estanqueidade à água, os primeiros materiais empregados na impermeabilização pelo homem foram os **betuminosos derivados do petróleo**, ou seja, os asfaltos e alcatrões, aplicados em terraços, saunas, aquedutos, estacas em madeira, piscinas e barcos desde 6000 a.C. Um dos primeiros registros que se tem conhecimento foi a utilização do betume construção da Arca de Noé. Na Bíblia, o Livro de Gênesis nos fala que Deus ordenou construir uma arca e calafetá-la, por dentro e por fora, com betume.

Figura 2.1 - Foto de um aqueduto em Roma.

O **betume** é uma mistura de hidrocarbonetos de consistência sólida, líquida ou gasosa, de origem natural ou pirogênica, completamente solúvel em dissulfeto de carbono e com frequência acompanhado de seus derivados não metálicos (ABNT NBR-7208).

Os **materiais betuminosos** possuem características apropriadas para garantir **a estanqueidade à água**, pois apresentam características aglomerantes e hidrofugantes, quimicamente inertes, sendo que há mudanças em suas características físicas com a temperatura facilitando a aplicação. O posterior resfriamento do material betuminosos produz o endurecimento necessário para garantir a estanqueidade à água, formando um filme impermeável.

Outro exemplo de material que foi empregado na impermeabilização da época foram **as ceras produzidas por abelhas**.

2.1 IMPERMEABILIZAÇÃO NAS CIVILIZAÇÕES ANTIGAS

Exemplos de construções antigas que utilizavam desses materiais eram os **jardins suspensos da Babilônia**, a pavimentação de estradas por parte dos indígenas das Américas do Norte e do Sul do império Inca e a impermeabilização das juntas de madeira das caravelas portuguesas. A Grande Muralha da China foi protegida com betume natural; as **pirâmides do Egito**, os sarcófagos e até as múmias com impermeabilizações diversas, inclusive óleos aromáticos (PIRONDI, 1988).

Nos anos de 1790, nas construções multifamiliares edificadas na Suécia, as coberturas eram impermeabilizadas com material betuminoso em tábuas revestidas com papel cheios de impermeabilizantes a base de alcatrão ou misturadas com fibras de madeira ou outros materiais produzidos pelo homem. Por volta de 1845, os Estados Unidos da América começaram a utilizar feltros impregnados de alcatrão nas coberturas (PICCHI, 1986).

2.2 PRINCÍPIO DO SISTEMA DE DRENAGEM

Desde os primórdios existem sistemas para drenagem da água como forma de redirecionamento e filtragem da água. Porém, é por volta de 1859 que o francês Henry Flagg French lança o livro *Farm Drainage*, onde ele apresenta detalhadamente sistemas para redirecionamento da água, a princípio em terras agrícolas encharcadas ou inundadas e posteriormente para aliviar a pressão da água sobre a impermeabilização de emulsão betuminosa das fundações das edificações, resolvendo assim grande parte dos problemas dos porões inundados da época.

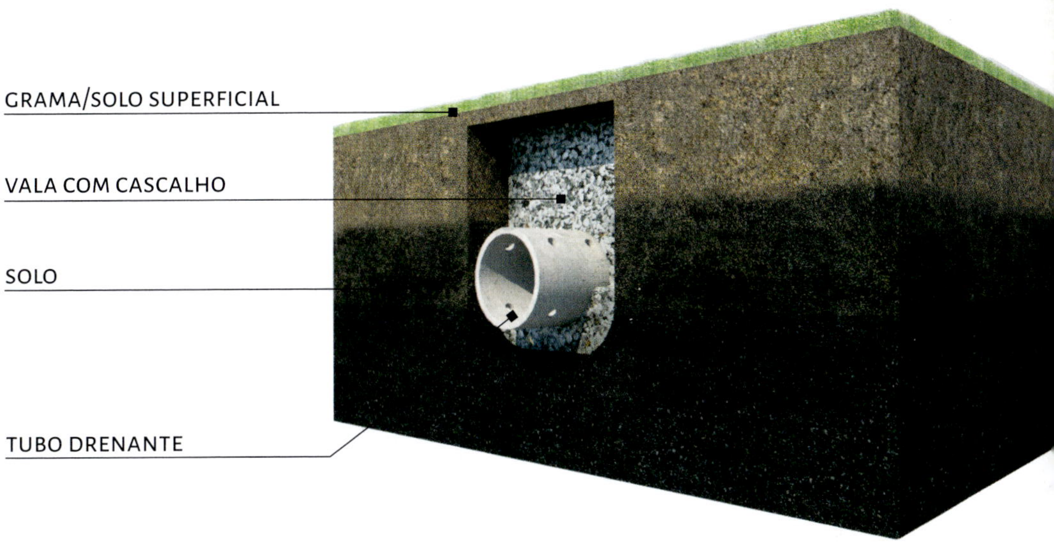

Figura 2.2 - Representação gráfica de um dreno francês.

O princípio do dreno francês, que se trata basicamente de uma vala preenchida comumente por pedras do tipo cascalho, posicionando um tubo com furos em toda a extensão, que filtra e redireciona o fluxo da água, ainda é utilizado nos dias atuais, porém com melhorias e ajustes, encontrado próximo a uma parede ou edificação, com o intuito de reduzir o acúmulo de água daquele local.

2.3 CONSTRUÇÕES HISTÓRICAS BRASILEIRAS

As primeiras impermeabilizações no Brasil foram realizadas em construções de fortes e igrejas, em meados do **século XVI**. A técnica consistia em misturar **óleo de baleia**, **cal** e **areia** para a produção da argamassa para o assentamento de tijolos e revestimento das paredes. Esta argamassa apresentava **baixa permeabilidade**, o que conferia **excelente durabilidade** (MORAES, 2002).

Figura 2.3 - Foto da Igreja de São Pedro da Aldeia/RJ, construída em 1617.

2.4 DESENVOLVIMENTO DOS COMPONENTES PARA IMPERMEABILIZAÇÃO

A utilização de impermeabilizantes na Era Moderna coincide com as primeiras obras efetuadas em concreto armado, no início do século XX, visivelmente após a introdução de novos conceitos arquitetônicos com estruturas mais esbeltas, que exige maior esforço a flexão e menos a compressão (RESENDE, 1987 apud MORAES, 2002).

1910/1920

Os materiais betuminosos resistentes a água começaram a serem produzidos pelas indústrias.

1940

A indústria da borracha começou a produzir membranas impermeáveis para revestimentos com a adição de fibras.

1945/1955

Várias resinas foram desenvolvidas por diferentes fabricantes para melhorar o desempenho dos revestimentos de cobertura.

1975

Na Inglaterra, foi lançado o primeiro sistema certificado de revestimentos elastoméricos líquidos para a cobertura de edificações.

1982/1983

Foram lançados revestimentos para coberturas com componentes de poliéster não saturados e poliuretanos, que forneciam maior proteção contra as ações dos raios ultravioletas.

1990

Inovações no setor da impermeabilização com o emprego de sistemas flexíveis em poliéster para diferentes tipos de substratos.

Por volta dos séculos XVII e XVIII, as edificações passaram a ter porões, com o objetivo de minimizar a umidade ascensional na edificação. Na parte inferior da fachada, havia aberturas que permitiam a circulação do ar nesses porões. A seguir, um exemplo de edificação data de 1878, com as aberturas para ventilação, denominadas "*gateiras*".

Figura 2.4 - Casarão nº8 em Pelotas/RS (arquiteto italiano José Izella Merotti - ano de 1878).

Ainda em algumas edificações utilizavam-se grandes beirais nos telhados para minimizar o efeito das chuvas sobre as paredes. Os tijolos e telhas nesse período eram fabricados com processos artesanais, secagem ao sol e uma alta taxa de absorção de água. Também as tintas empregadas eram a base de cal, com e sem a adição de pigmentos, não protegendo a parede da ação da umidade direta.

2.5 DESAFIOS DA ATUALIDADE

Um dos desafios da engenharia é como construir edificações cada vez mais altas, com diversos materiais e vãos maiores e que atendam a todas as necessidades dos usuários ao longo do tempo. Pensar a edificação é conceber para cada ambiente (seja externo ou interno) as suas interfaces, as proteções às intempéries e a segurança estrutural.

MAIOR ALTURA → MAIOR AÇÃO DO VENTO → MAIOR AÇÃO DA CHUVA → MAIOR AÇÃO DA TEMPERATURA

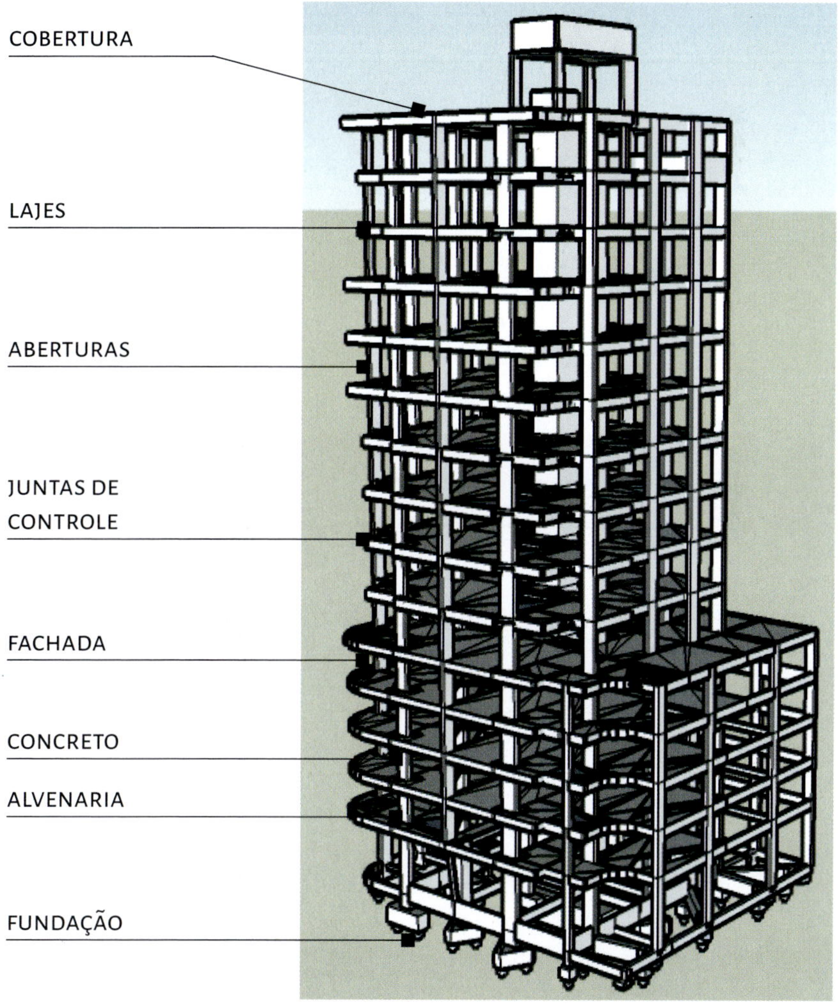

Figura 2.5 - Representação da estrutura de um edifício em altura.

CUIDADOS NAS MOVIMENTAÇÕES ESTRUTURAIS POR:

DEFORMAÇÕES

Encurtamento dos pilares

AVALIAÇÕES	Flexão de vigas	Cargas horizontais	Térmica de cobertura e fachada	Recalques diferenciais da fundação
CUIDADOS	Limitar as deformações de flexão aumentando a inércia das vigas ou o uso de armaduras duplas	Limitar deslocamentos horizontais devido ao vento e desaprumo	Prever proteções térmicas na laje	Avaliar as fundações adequadas e previsão de drenos ao longo do terreno

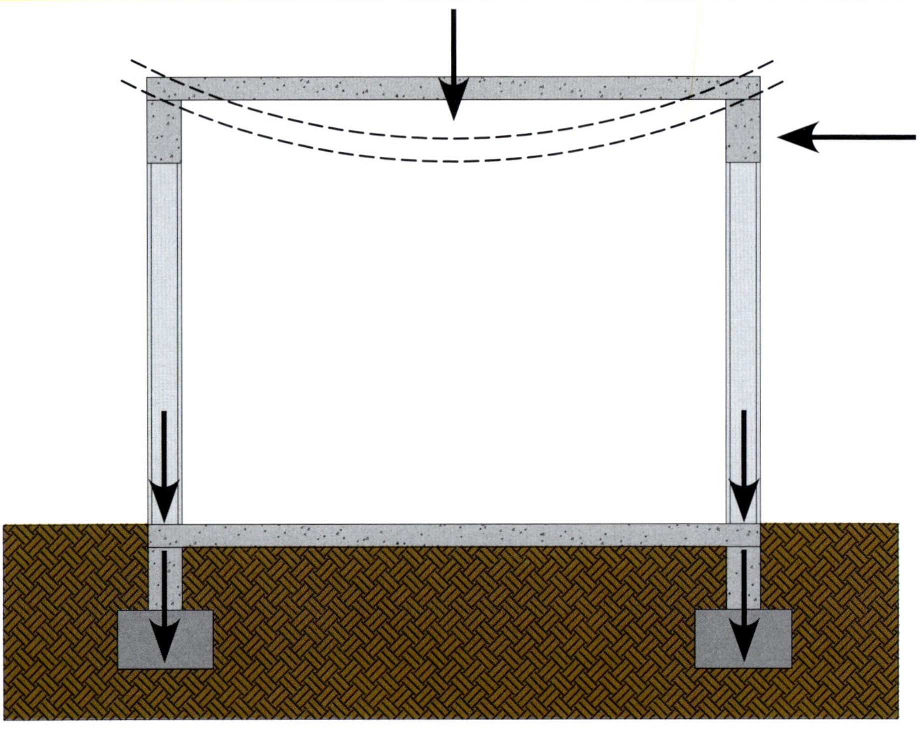

2.7 REFERÊNCIAS

KOGAN, G. A luta dos edifícios contra as águas. In: **Site Vitruvius.** Jun/2011. Disponível em: <http://www.vitruvius.com.br/revistas/read/drops/11.045/3874>. Acesso em: 30/07/2017.

MORAES, Claudio Roberto Klein de. **Impermeabilização em lajes de cobertura: levantamento dos principais fatores envolvidos na ocorrência de problemas na cidade de Porto Alegre.** Dissertação (Mestrado em Engenharia Civil); Universidade federal do Rio Grande do Sul, Porto Alegre, 2002.

PICCHI, Flávio Augusto. **Impermeabilização de coberturas.** São Paulo: Pini: Instituto Brasileiro de Impermeabilização, 1986.

PIRONDI, Zeno. **Manual prático de impermeabilização e de isolação térmica.** 2. ed. São Paulo: Pini: Instituto Brasileiro de Impermeabilização, 1988.

3 Ação da água nas edificações

3. AÇÃO DA ÁGUA NAS EDIFICAÇÕES

O edifício é um abrigo contra a chuva, o sol e o vento, que serve para proteger o ser humano e proporcionar um ambiente adequado ao seu bem-estar. As edificações não existem isoladamente: são criadas para abrigar, sustentar e inspirar atividades humanas em resposta às necessidades socioculturais, econômicas e políticas.

São erguidas em ambientes construídos e naturais e, portanto, deve-se considerar cuidadosamente o contexto de um lugar no planejamento do projeto e na construção das edificações (CHING, 2010). Dependendo do sistema construtivo adotado, é necessário atentar para as técnicas de construção e execução que cada um exige, para assim ter um melhor desempenho ao longo do tempo de VU.

O ser humano vem procurando soluções técnicas com o objetivo de prolongar a vida útil das edificações. Com o avanço no conhecimento sobre ciências dos materiais e o desenvolvimento industrial de novos produtos impermeáveis, como plásticos, borrachas e poliestirenos de alta e baixa densidades, passou-se a empregar novas técnicas para resolver o problema da permeabilidade e proteção térmica, minimizando os problemas patológicos oriundos da entrada de água e trocas gasosas na edificação.

Figura 3.1 - Foto de um edifício em construção.

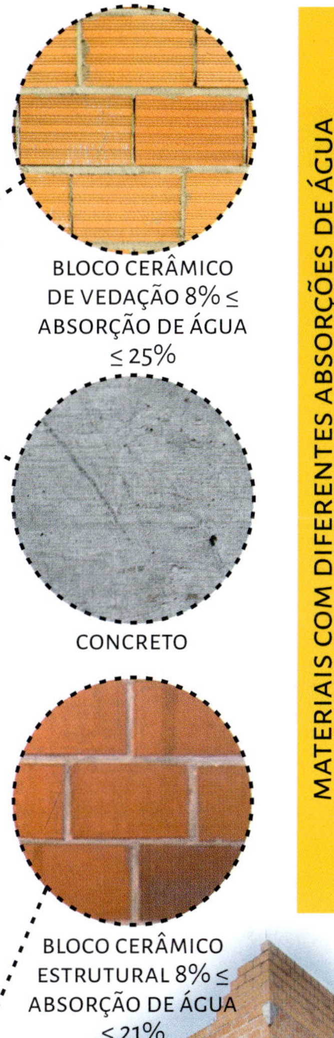

Como pode ser observado nas figuras acima, há diferença entre os índices de absorção dos materiais utilizados na construção civil. Desta forma, o uso de chapisco contribuirá para uniformizar absorção diferencial entre os materiais e aumentar a aderência para as camadas sobrepostas (emboço e reboco; ou camada única).

A umidade é a presença da água no estado líquido ou vapor e é a causa de grande parte das manifestações patológicas nas construções. A umidade traz consigo aspectos inconvenientes sob o ponto de vista higiênico das edificações, tornando-os algumas vezes insalubres, além de gerar danos sobre os materiais de construção. Há também que considerar os estragos causados pela umidade nos bens protegidos pela construção, pois uma pequena entrada de umidade pode levar ao estrago de equipamentos ou bens (VERÇOSA, 1987).

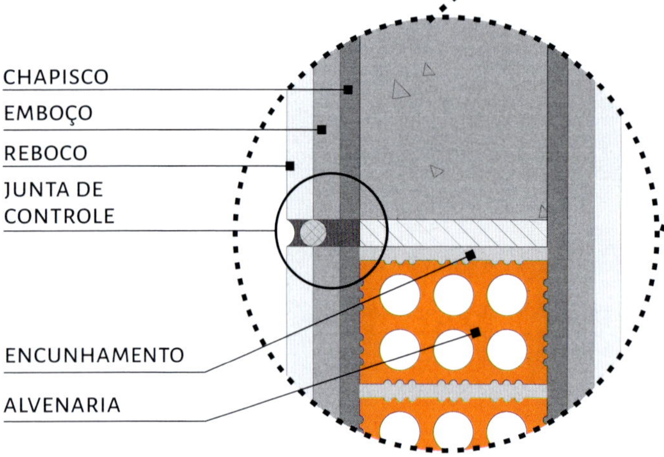

Um exemplo é a presença da junta de controle na posição do encunhamento no encontro da alvenaria com a viga. O detalhe construtivo no projeto permite aos executores entender a importância para a movimentação da estrutura, evitando assim a fissuração na parede/revestimento e a consequente entrada de umidade.

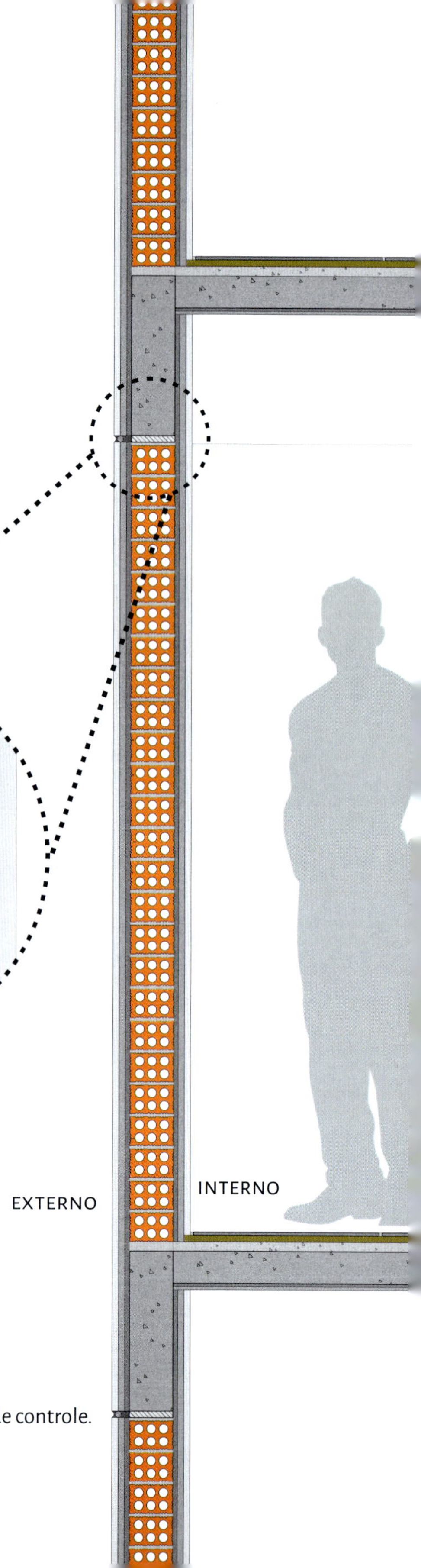

Figura 3.2 - Corte e detalhamento de uma junta de controle.

EXEMPLOS DE FISSURAS EM PAREDES NA ALTURA DA LIGAÇÃO ALVENARIA/ VIGA (ENCUNHAMENTO)

Caso não sejam previstas ou executadas juntas de controle, fissurações e destacamentos do revestimento podem ocorrer, com a possibilidade de entrada de água ao longo da fachada da edificação.

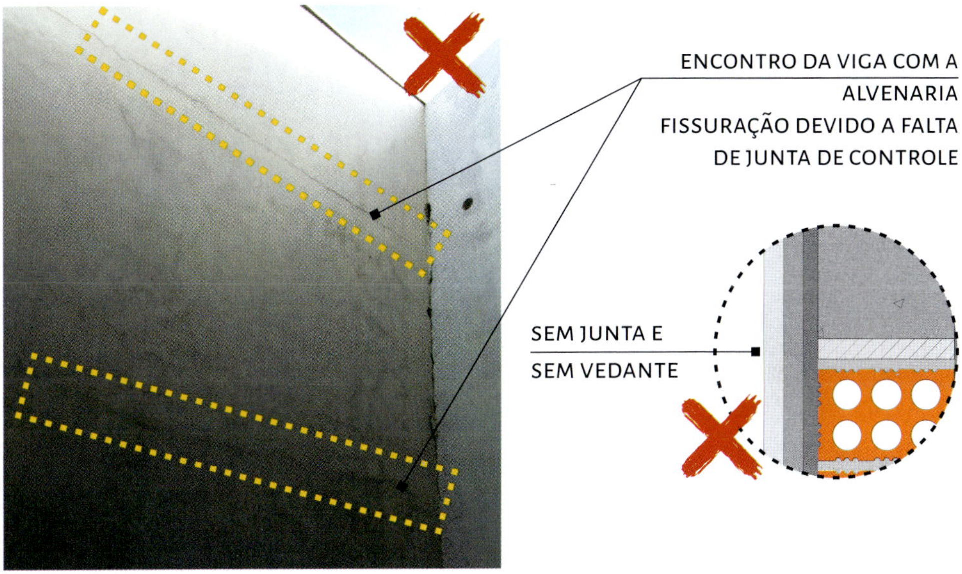

Figura 3.3 - Ausência de junta de controle.

É possível observar neste exemplo que a **inexistência de juntas de controle** acarretou o surgimento de fissuras no encontro da viga com a alvenaria, mapeando o reboco da fachada.

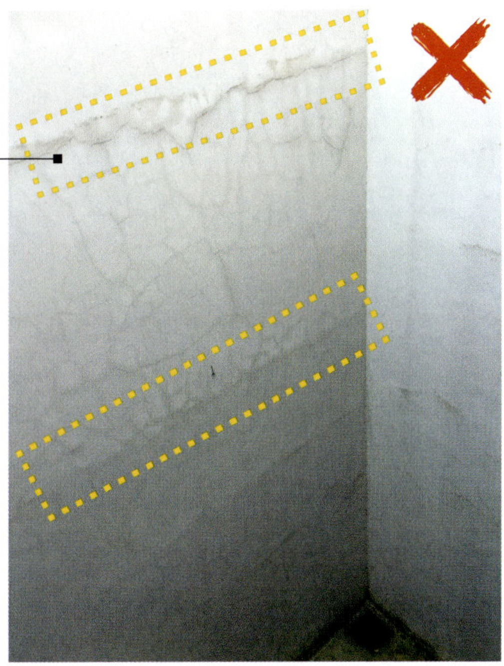

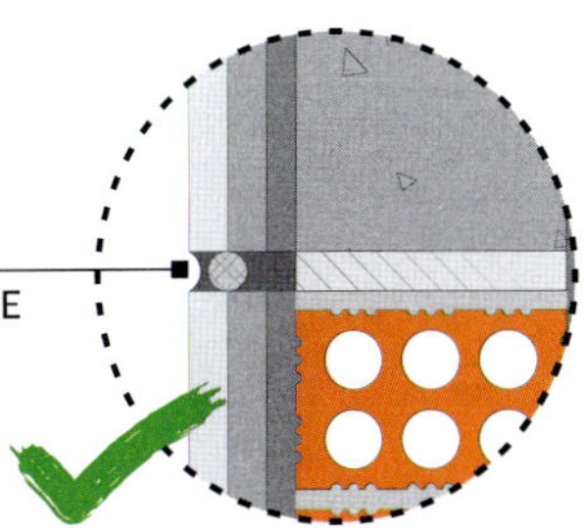

Figura 3.4 - Ausência de junta de controle.

Em algumas situações são executadas juntas de controle em posições inadequadas, no caso na parte superior da viga. A imagem a seguir mostra um exemplo de fissurações de destacamento entre a alvenaria e a estrutura lateral (pilar) e entre a viga e a parede. Cabe destacar que fissuras por movimentações térmicas são recorrentes nas edificações e podem ser um ponto de passagem da umidade para dentro da edificação.

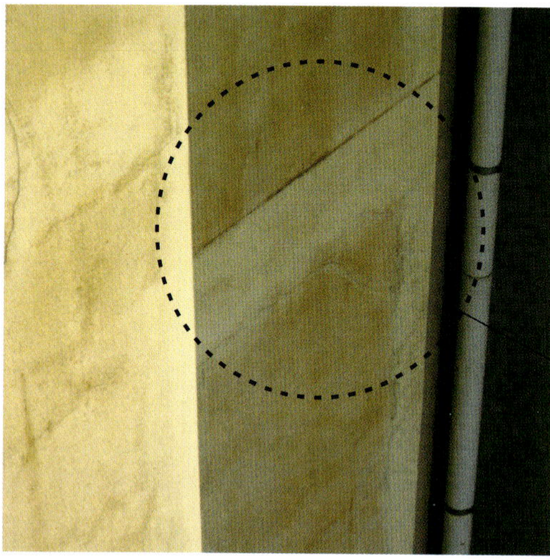

Figura 3.5 - Posicionamento da junta não atende às necessidades.

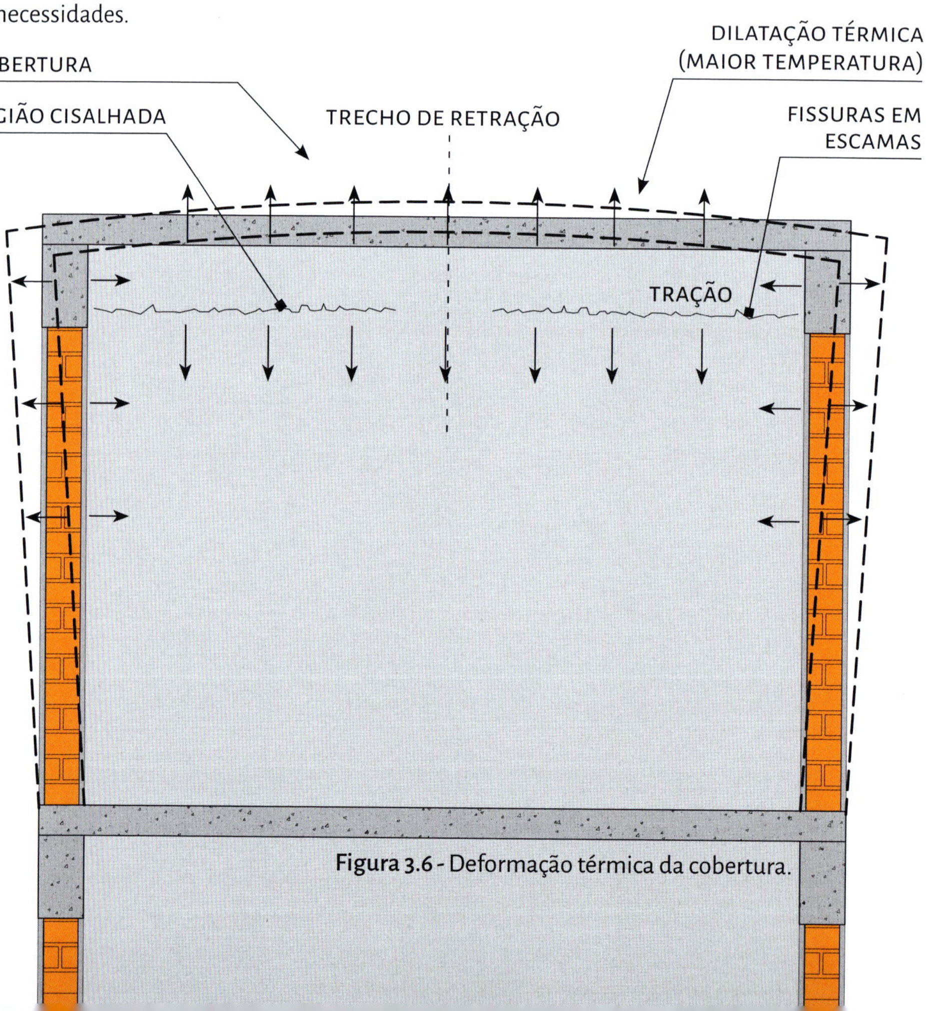

Figura 3.6 - Deformação térmica da cobertura.

Para ancorar as paredes e prevenir as fissuras de interface entre a alvenaria e o pilar, são empregados tradicionalmente os chamados “ferros cabelos” - fios de aço para concreto armado de espessura entre 4 e 6 mm - e recentemente as telas metálicas eletrosoldadas de arame de pequeno diâmetro (até 2,1 mm).

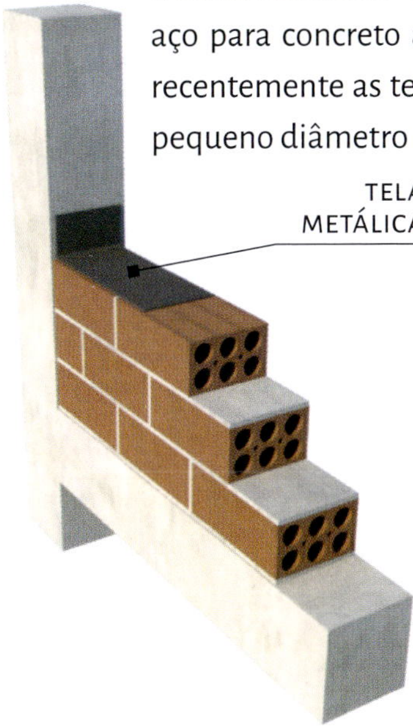

Figura 3.7 - Utilização de tela na amarração da parede com o pilar.

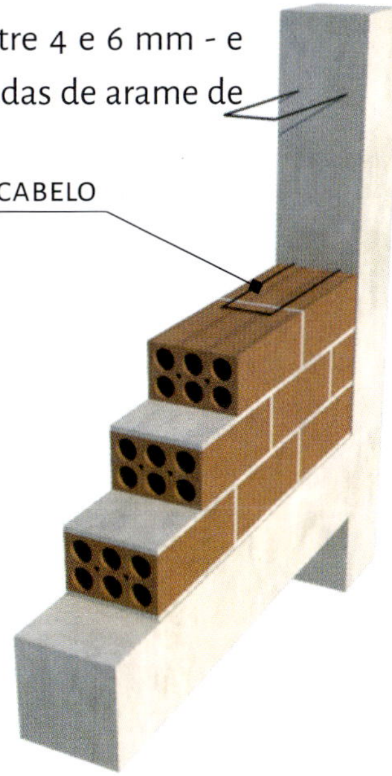

Figura 3.8 - Utilização de ferro-cabelo na amarração da parede com o pilar.

3.1 A INTERFERÊNCIA DOS FLUXOS D'ÁGUA

A água, apesar de ser um componente essencial para a vida, se caracteriza como um dos maiores problemas que afetam as edificações, por isso se faz necessário pensar em maneiras de proteger a edificação exposta ao intemperismo (PIRONDI, 1988).

A água é encontrada em três estados físicos: líquido, sólido e gasoso. Em se tratando das edificações, em climas tropicais, leva-se em consideração os estados líquido e gasoso da água. Por isso, as construções devem ser projetadas com mecanismos que evitem a entrada de água no estado líquido, mas que permitam as trocas gasosas entre ambientes (externos e internos), evitando assim a condensação interna na parede. A Figura 3.5 exemplifica, por meio de uma ilustração, os mecanismos que demonstram a barreira à água no estado líquido, mas que permitem a passagem do vapor (material permeável). Um exemplo, são as mantas hidrófugas utilizadas em sistemas de *wood frame* e *steel frame*.

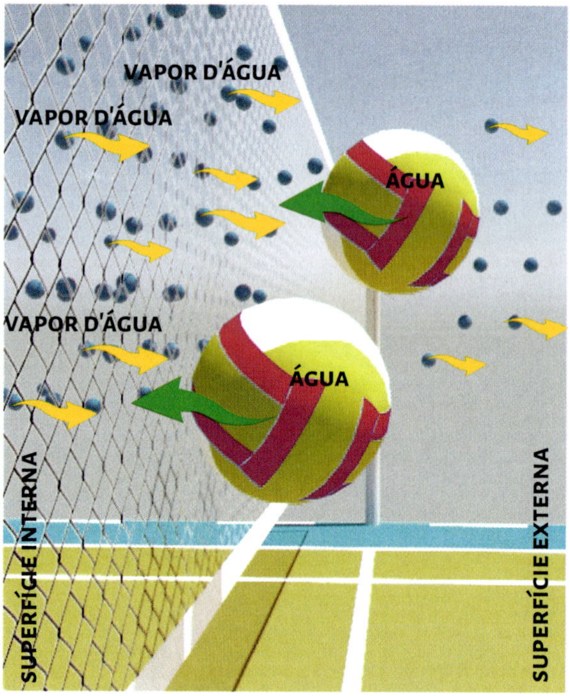

Figura 3.5 - Mecanismo da permeabilidade da água.

Inicialmente, é necessário identificar os pontos críticos para a ação da umidade em uma edificação, para assim estabelecer critérios de proteção contra a mesma:

- Nos subsolos em contato com a terra;
- Nos telhados e coberturas planas;
- Nas fachadas das edificações com a presença de juntas de dilatação e de controle;
- Nos pisos transitáveis, não transitáveis ou pátios de estacionamentos;
- Nas tubulações de entrada e saída d'água, caixas d'água e piscinas;
- Nas fachadas expostas a chuva, temperatura e vento.

PROBLEMAS DE UMIDADE ENCONTRADOS EM UMA EDIFICAÇÃO

COBERTURA

1. Infiltração pelo telhado;
2. Telhas quebradas;
3. Calhas e algerosas quebradas;
4. Juntas no entorno da chaminé e reservatório superior com o telhado;
5. Fungos.

ÁREAS EXTERNAS

1. Fissuras na fachada por retração da argamassa de revestimento;
2. Fissuras em terraços ou varandas;
3. Manchas em pisos;
4. Infiltrações;
5. Fungos;
6. Piscina;
7. Juntas de controle na fachada.

ÁREAS INTERNAS

1. Superfície em revestimentos cerâmicos de paredes;
2. Paredes com umidade;
3. Paredes com sais;
4. Umidade por capilaridade oriundos das fundações.

Contrapisos internos e externos

Figura 3.6 - Problemas com umidade em uma edificação.

É importante destacar as possíveis causas da umidade no edifício, estando a movimentação da água nos materiais de construção diretamente relacionada a alguns fenômenos. A NBR 9575 (2010) elenca esses tipos de fenômenos impostos pelo fluido nas partes construtivas que requerem estanqueidade, com a finalidade de escolher o tipo adequado de impermeabilização a ser empregado na construção civil:

- Percolação;
- Condensação;
- Capilaridade;
- Pressão hidrostática unilateral ou bilateral.

Figura 3.7 - Esquema dos tipos de interferência da água em uma edificação.

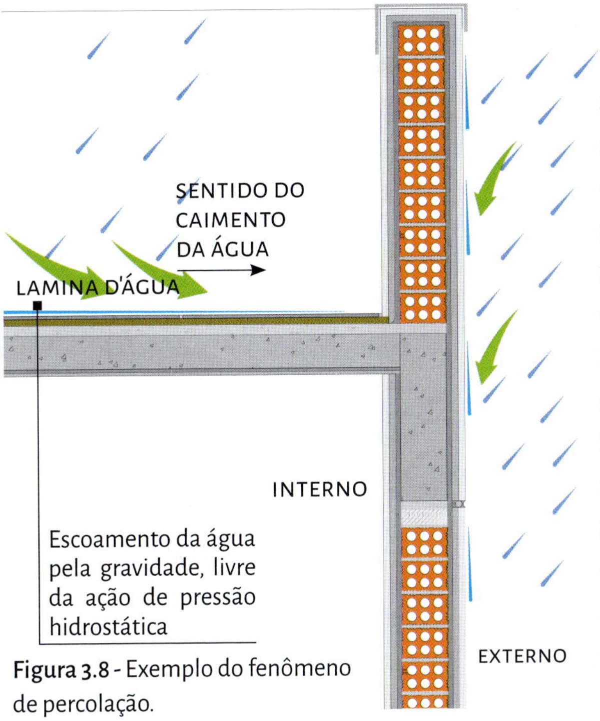

Figura 3.8 - Exemplo do fenômeno de percolação.

3.1.1 PERCOLAÇÃO

Fenômeno em que a água se movimenta ao longo da superfície, obedecendo à lei da gravidade. Ela escorre verticalmente para dada direção, determinada a partir do curso do vento, não exercendo pressão hidrostática. Exemplo: fachadas de edificações, onde a água entra em contato com a superfície da parede; terraços onde apresentam certo caimento/desnível, que faz com que a água escorra pela ação da gravidade para as calhas e tubulações.

3.1.2 CONDENSAÇÃO

Condição em que a umidade é o resultado da mudança de fase da água, do vapor para o líquido. Ocorre normalmente quando existe um gradiente térmico entre as superfícies de contato, onde a umidade do vapor do ar condensa em contato com uma superfície fria.

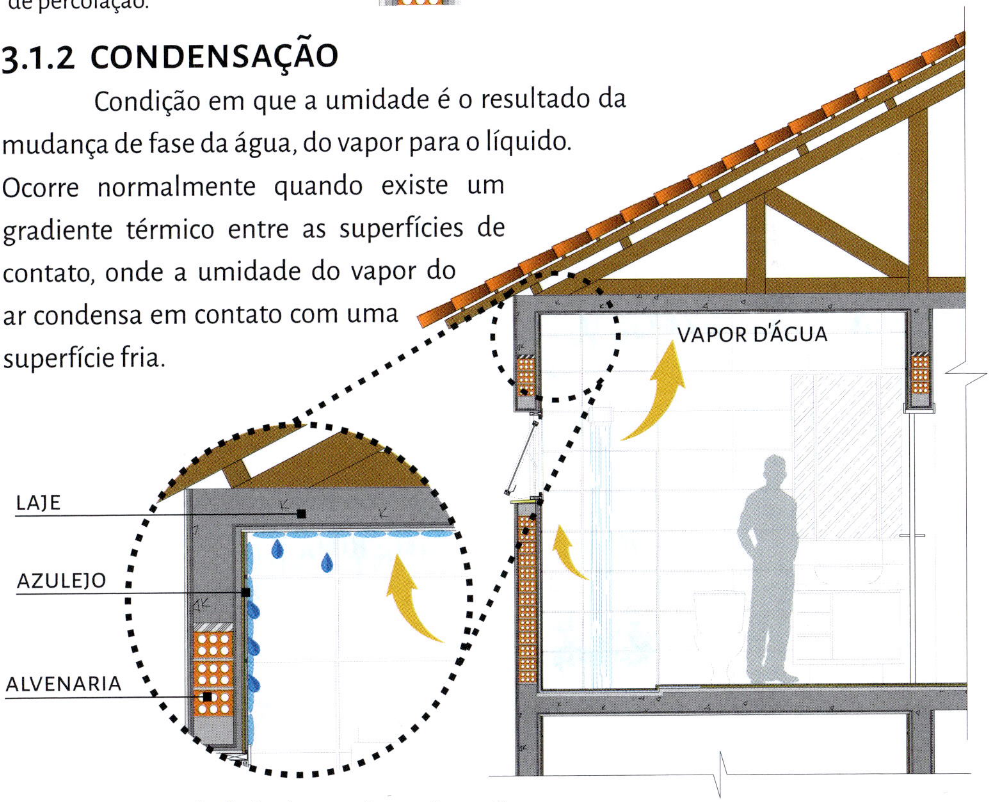

Figura 3.9 - Exemplo do fenômeno de condensação.

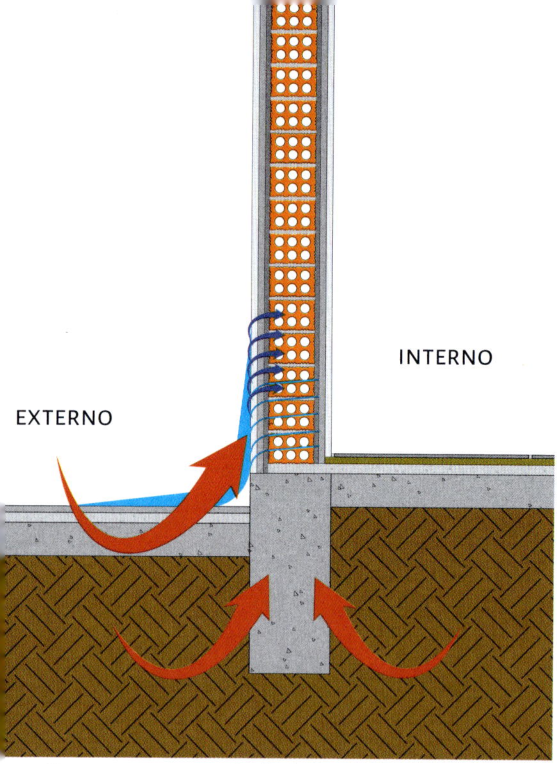

Figura 3.10 - Exemplo do fenômeno de capilaridade.

3.1.3 CAPILARIDADE

A ascensão de água capilar tem a ver com a absorção pela diferença de pressão em materiais porosos. É muito comum nas alvenarias de primeira e segunda fiada em contato direto com o solo.

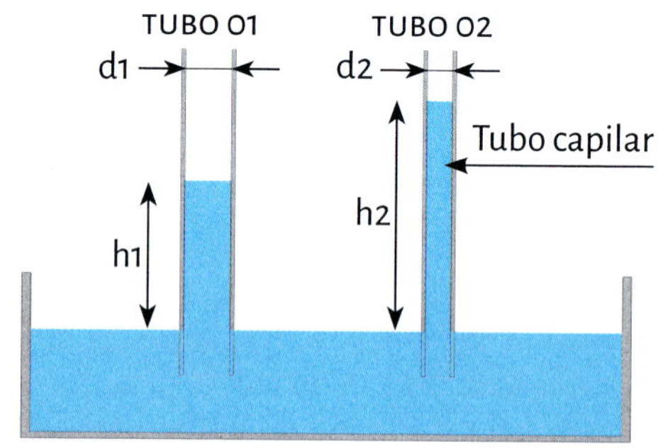

Figura 3.11 - Princípio dos vasos comunicantes.

3.1.4 PRESSÃO HIDROSTÁTICA UNILATERAL OU BILATERAL

Ocorre devido às pressões internas e à permeabilidade do material, acarretando infiltrações. São várias as anomalias causadas pela presença da umidade. Dessa forma, é necessário conhecer os tipos de interferência da água em uma edificação, para, assim, saber a melhor maneira de prevenir ou adotar um sistema de proteção eficaz.

Exemplos comuns são subsolos de prédios com o lençol d'água próximo à superfície, piscinas e reservatórios enterrados.

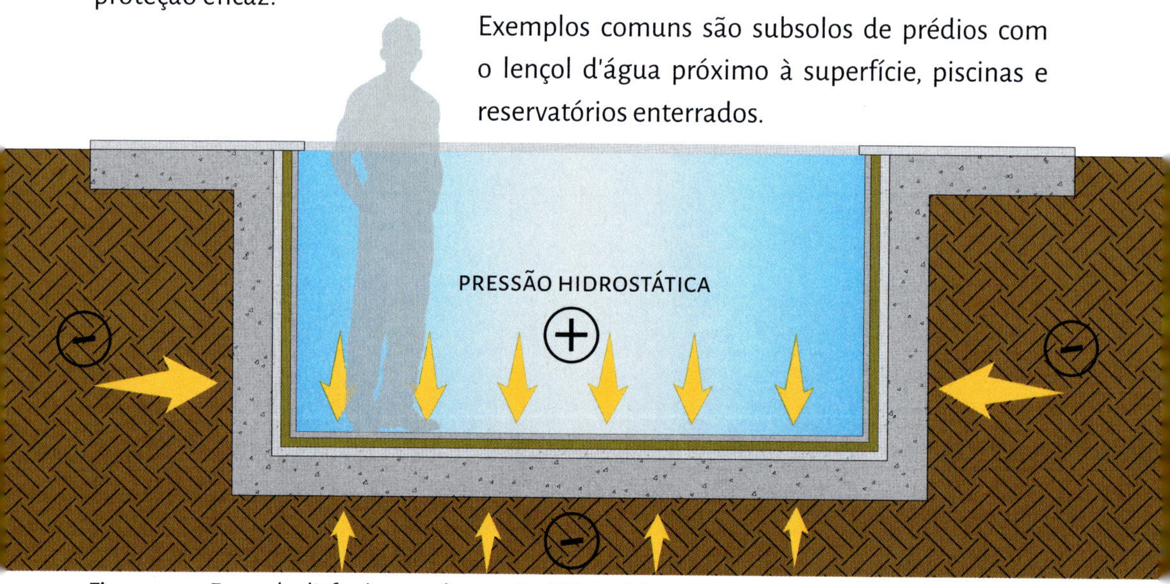

Figura 3.12 - Exemplo do fenômeno de pressão hidrostática.

3.2 A UMIDADE NAS CONSTRUÇÕES

A umidade que atinge os elementos construtivos pode ter diversas origens. Para fazer uma análise ou um diagnóstico, é preciso conhecer essas formas de manifestações. A seguir, faz-se uma exposição individualizada dessas ocorrências, desde a origem da água livre que pode estar presente nas edificações até suas formas mais frequentes de manifestação (GUTERRES, 2009).

Henriques (2007) classifica em seis grupos distintos os mecanismos de manifestação da umidade nos materiais: **de construção, do terreno, de precipitação, por condensação, devido a fenômenos de higrospiscidade e devido a causas fortuitas.**

3.2.1 UMIDADE DE CONSTRUÇÃO

É a umidade incorporada na execução da estrutura, fechamento e revestimentos durante a obra, a qual tende a evaporar gradualmente, conforme a umidade relativa do ambiente, a temperatura, o vento e o regime de precipitações.

Figura 3.13 - Foto de uma construção sob umidade.

Assim, essa umidade pode dar origem à ocorrência de anomalias generalizadas ou localizadas, devido à evaporação da água existente, e provocar retrações ou manchas pelo fluxo de umidade. De forma geral, essas anomalias cessam em um período curto, que depende das características e da utilização do edifício, de acordo com a região climática na qual o mesmo se encontra (HENRIQUES, 2007).

3.2.2 UMIDADE DO TERRENO

É uma umidade ascensional que advém do solo, passa pelas fundações e migra, por meio dos capilares dos materiais, para as paredes e pisos da edificação. A Figura 3.14 mostra um exemplo da possibilidade de umidade na alvenaria de blocos cerâmicos na primeira fiada. Henriques (2007) diz que essa migração, na ausência de barreiras estanques, pode ocorrer horizontal ou verticalmente através das seguintes condições:

- Existência de zonas de contato entre as paredes e a água do solo;
- Existência de matérias com elevada capilaridade nas paredes;
- Inexistência ou posicionamento deficiente de barreiras estanques nas paredes.

Esse mecanismo da umidade ascensional por capilaridade provoca, além de manchas nas regiões próximas ao solo, zonas desgastadas acompanhadas de bolor, criptoflorescências e eflorescências (LERSCH, 2003).

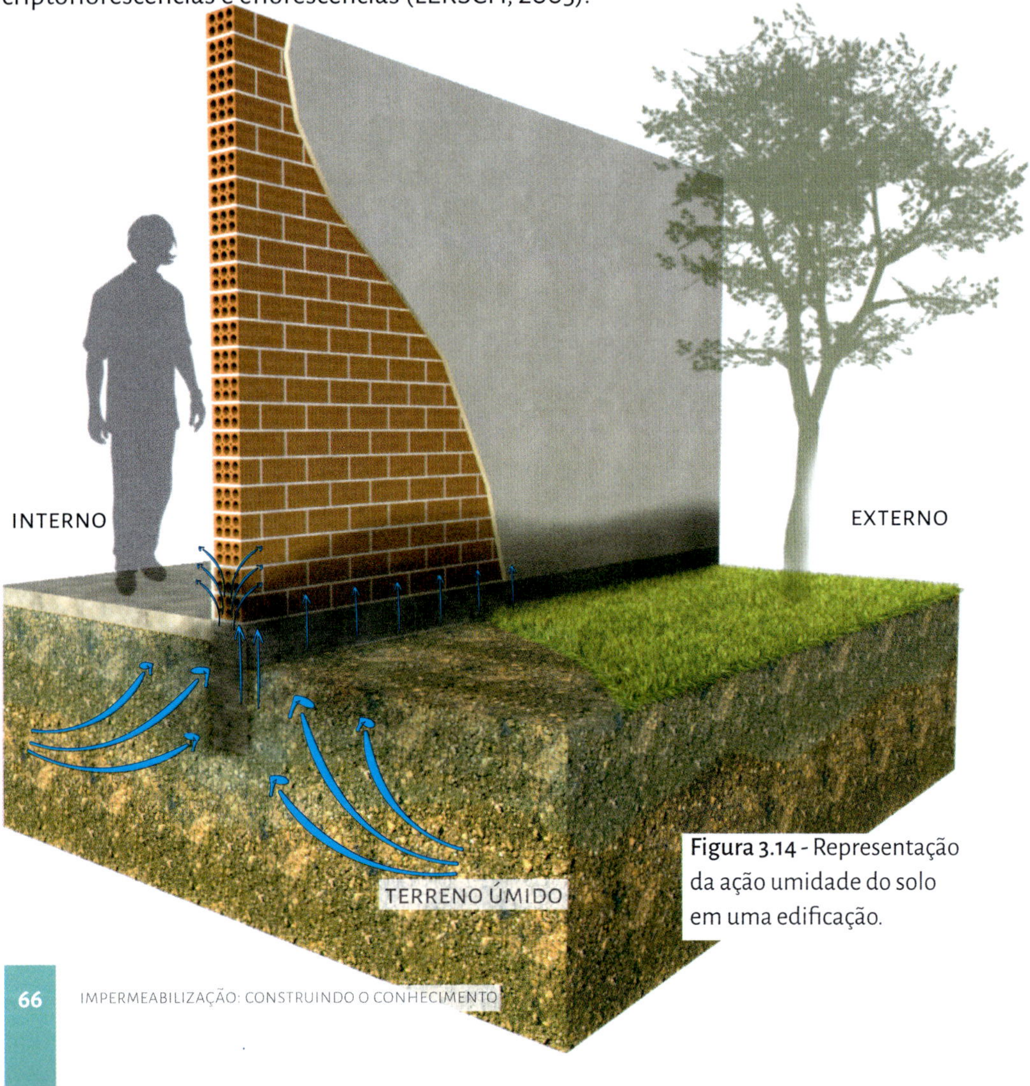

Figura 3.14 - Representação da ação umidade do solo em uma edificação.

3.2.3 UMIDADE DE PRECIPITAÇÃO

Está associada não apenas a ação da chuva, mas à combinação desta com o vento. É também denominada como umidade por infiltração. As águas da chuva penetram nas edificações por pressão hidrostática e percolação. A água pode atravessar os terraços e paredes por percolação e, quando estas não são impermeáveis, podem ocasionar manchas no interior da edificação (VERÇOZA, 1987).

A ação da água sobre a parede dá origem à formação de uma cortina de água continuada que, ao escorrer pela superfície, pode penetrar nela por gravidade, ou por pressão dinâmica causada pela ação do vento ou por capilaridade dos materiais. É muito frequente a ocorrência de anomalias devidas a esse tipo de fenômeno, que ocorre em consequência de vários fatores: deficiências na concepção do edifício, existência de fissuras etc. Dessa forma, surgem problemas como aparecimento de manchas por umidade, fissuras por retração no revestimento, bolores, eflorescências e criptoflorescências (HENRIQUES, 2007).

Perez (1985 apud LERSCH, 2003), destaca uma série de aspectos importantes e necessários a ser avaliados referentes ao edifício, como:

- **Condições climáticas locais**, como direção e intensidade do vento, além das precipitações;
- **Detalhes construtivos nas fachadas** como molduras horizontais e/ou dos frisos e especificação do sistema de pintura;
- **Estanqueidade à água** dos componentes como janelas e portas, e dos elementos, como paredes e sistemas de pintura;
- **Sistema de revestimento**, que diminua a ação da umidade interna;
- **Posicionamento de juntas** de controle em fachadas;
- **Detalhamento das pingadeiras** das janelas;
- **Programa de manutenção** e avaliação do desempenho da edificação, ao longo do tempo, através da análise da durabilidade das soluções empregadas.

3.2.4 UMIDADE POR CONDENSAÇÃO

A umidade devido à condensação é decorrente da presença do vapor d'água no interior do ambiente. Ocorre quando a superfície do material apresenta uma temperatura mais baixa do que a correspondente à de orvalho (LERSCH, 2003).

Ponto de orvalho é a temperatura na qual o vapor de água presente no ar passa para o estado líquido, condensando na superfície ou internamente na parede.

VARIÁVEIS IMPORTANTES:

- TEMPERATURAS → INTERNAS / EXTERNAS
- UMIDADE → INTERNAS / EXTERNAS

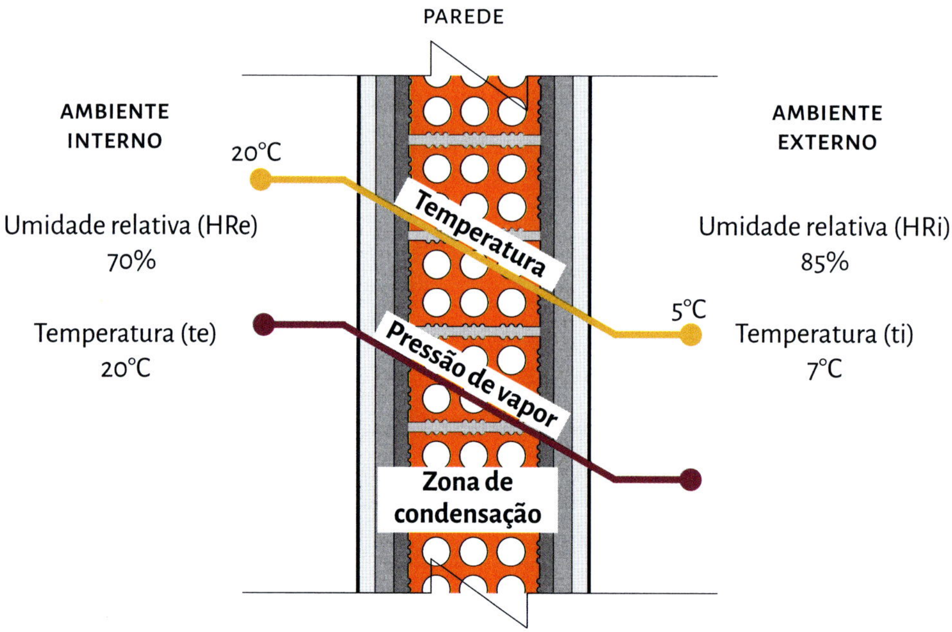

Figura 3.15 - Esquema das váriaveis umidade relativa, temperatura e pressão.

Guterres (2009) destaca que as principais condicionantes para o aparecimento de condensação são geralmente uma combinação de dois ou mais fatores que atuam no edifício:

- Condições de ocupação dos compartimentos, das quais depende a produção de vapor como banheiros e cozinhas;
- Temperatura ambiente no interior das construções;
- Condições de ventilação dos ambientes;
- Características térmicas das paredes;
- Condições climáticas da localidade.

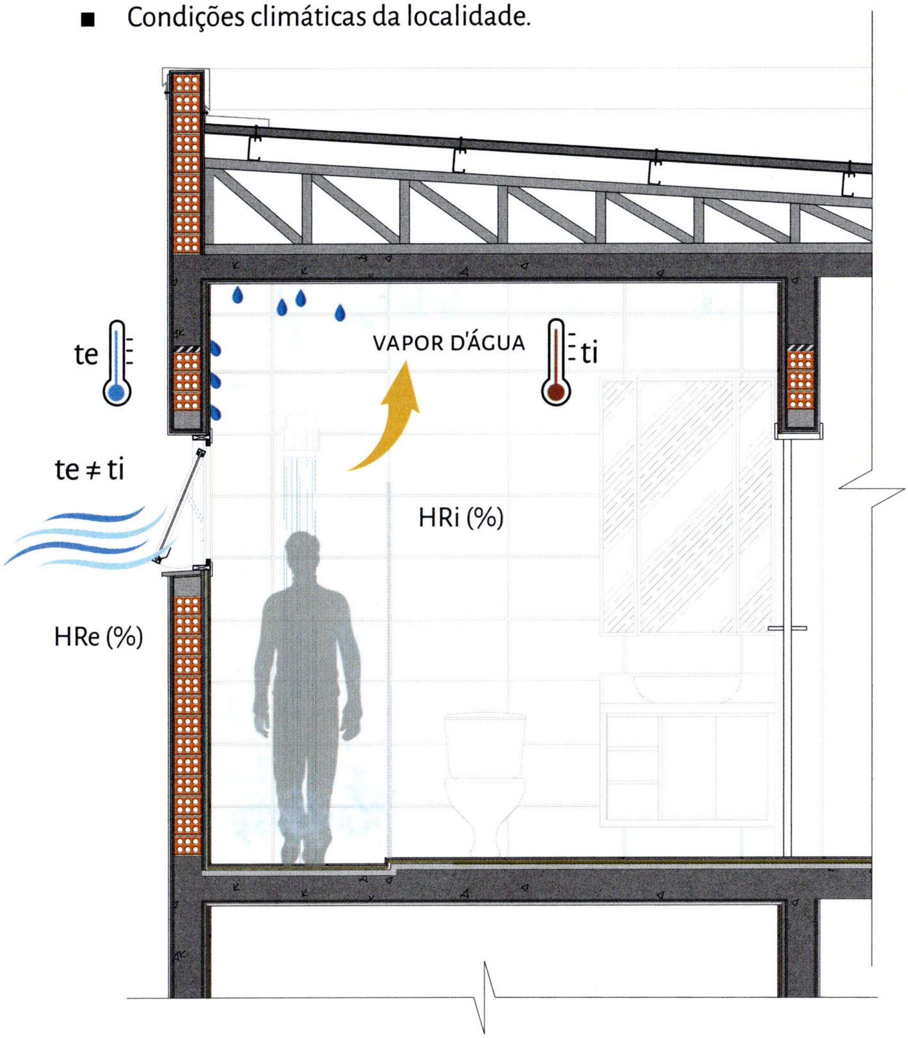

Figura 3.16 - Esquema das váriaveis umidade relativa e temperatura atuando em um banheiro.

3.2.5 UMIDADE DEVIDO A FENÔMENOS DE HIGROSCOPISCIDADE

A higroscopicidade é a propriedade de um material em absorver água. A umidade higroscópica é consequência da difusão do vapor d'agua existente no ar para dentro do material através dos poros internos (LERSCH, 2003). A umidade presente em materiais porosos é denominada de umidade de equilíbrio, conforme a umidade do ambiente. A água, por diferença de pressão, pode conduzir os sais solúveis do interior da parede para sua superfície. Com a evaporação da água, há a cristalização desses sais, de coloração branca, denominada eflorescência. Esta cristalização provoca o manchamento da superfície e, havendo revestimento de pintura, pode provocar o descolamento da pintura. Os sais solúveis que se encontram associados mais frequentemente à ocorrência de manifestações patológicas são os sulfatos, os carbonatos, os cloretos, os nitritos e os nitratos (HENRIQUES, 2007).

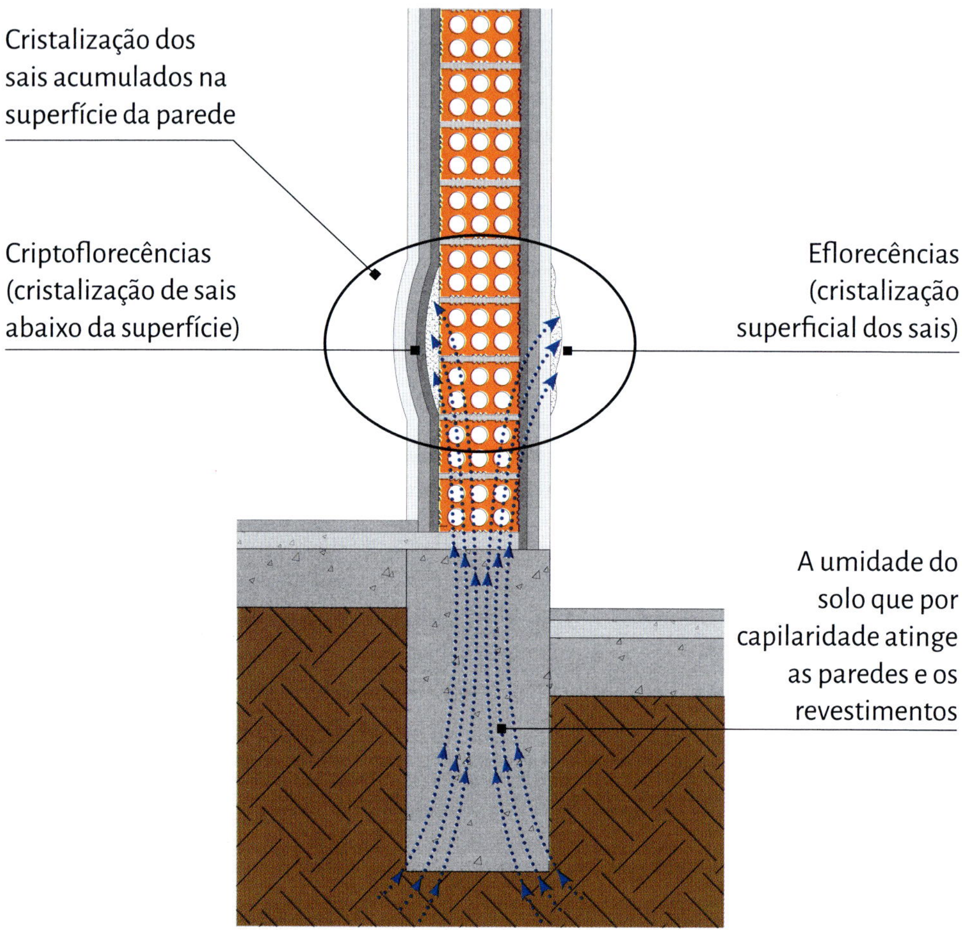

Figura 3.17 - Umidade ascendente por capilaridade.

Os sais controlam a umidade relativa dos materiais

Aumento da
umidade relativa do ar
HRe → Sais acumulados dissovem-se

Diminuição da
umidade relativa do ar
HRe → Sais acumulados cristalizam-se

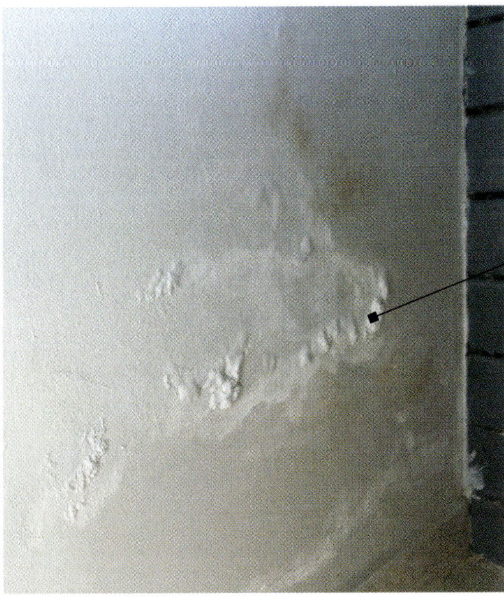

Formação de bolhas devido à umidade higroscópica que reagiu com os sais encontrados nos materiais de revestimento da parede

Figura 3.18 - Foto do fenômeno de higroscopiscidade atuando em uma parede de alvenaria.

3.2.6 UMIDADE DEVIDO A CAUSAS FORTUITAS

A umidade devido a causas fortuitas caracteriza-se pela sua natureza pontual, em termos espaciais, e decorre de defeitos de construção, falha de equipamentos ou de erros humanos, tanto na forma acidental, quanto na falta de manutenção. Entre as causas mais frequentes deste tipo de anomalia citam-se: o rompimento de canalizações internas à parede, como redes de distribuição de água, águas pluviais e de esgoto; e os mais diversos tipos de infiltrações de água na parede, seja pelo entupimento dos tubos de queda seja por deficiências de vedação da cobertura com as paredes (HENRIQUES, 2007).

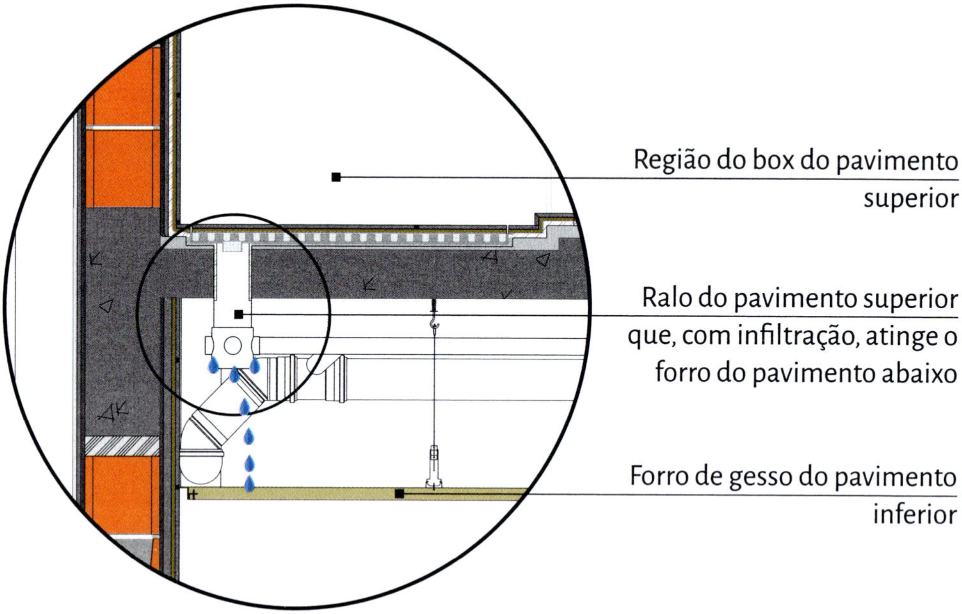

Figura 3.20 - Representação de uma infiltração do pavimento superior atingindo o forro do pavimento inferior.

Neste exemplo, ouve uma infiltração no ralo do apartamento superior, causando umidade pontual no forro de gesso do banheiro do apartamento abaixo.

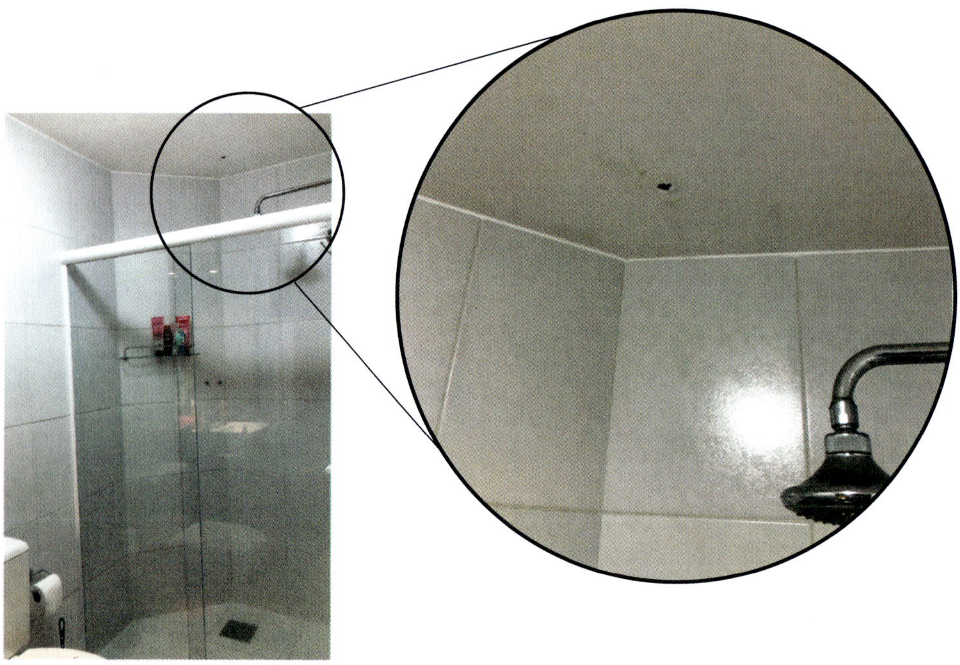

Figura 3.19 - Foto de uma infiltração no forro de gesso.

3.3 REFERÊNCIAS

ABNT. ASSOCIAÇÃO BRASILEIRA DE NORMAS TÉCNICAS. **NBR 9575**: Impermeabilização – Seleção e Projeto. Rio de Janeiro, 2010.

CHING, Francis D. K. **Técnicas de Construção Ilustradas**. 4. ed. Porto Alegre: Bookman, 2010.

GUTERRES, Paulo Roberto Cabana. **Argamassas de reabilitação: estudo da sua utilização e do seu comportamento para o tratamento e recuperação de construções afetadas por eflorescências**. Tese (Doutorado em Engenharia Civil) – Universidade Federal do Rio Grande do Sul, Porto Alegre, 2009.

HENRIQUES, Fernando M. A. **Humidade em paredes.** 4. ed. Lisboa: LNEC, 2007.

LERSCH, Inês Martina. **Contribuição para a identificação dos principais fatores de degradação em edificações do patrimônio cultural de Porto Alegre.** Dissertação (Mestrado em Engenharia Civil). Universidade Federal do Rio Grande do Sul – UFRGS, Porto Alegre, 2003.

LIMA, Jorge Luiz de Aquino. **Processo integrado de projeto, aquisição e execução de sistemas de impermeabilização em edifícios residenciais: diagnóstico e proposição de melhorias de gestão.** Dissertação (Mestrado Profissional em Gestão e Tecnologia Industrial). Faculdade de Tecnologia Senai-CIMATEC, Salvador, 2012.

PIRONDI, Zeno. **Manual prático de impermeabilização e de isolação térmica.** 2. ed. São Paulo: Pini: Instituto Brasileiro de Impermeabilização, 1988.

VERÇOZA, Enio José. **Impermeabilização na Construção.** 2. ed. Porto Alegre: Sagra, 1987.

4 Tipos de impermeabilização

4. TIPOS DE IMPERMEABILIZAÇÃO

Para a escolha de um determinado tipo de sistema de impermeabilização é preciso uma **análise criteriosa das propriedades dos materiais**, no que se refere ao seu comportamento frente às condições impostas na área a ser impermeabilizada. Além disso, deve-se avaliar a dimensão da obra, forma da estrutura, interferências existentes na área, custo, vida útil, etc. (YÁZIGI, 2009).

Segundo a ABNT NBR 9575 (2010), o sistema de impermeabilização é definido pelo conjunto de produtos e serviços (insumos) dispostos em camadas ordenadas, destinado a conferir estanqueidade a uma construção. São basicamente dois tipos de sistemas de impermeabilização, **os rígidos e os flexíveis**, e a escolha depende basicamente do **tipo de movimentação** que sofrem ou não as estruturas.

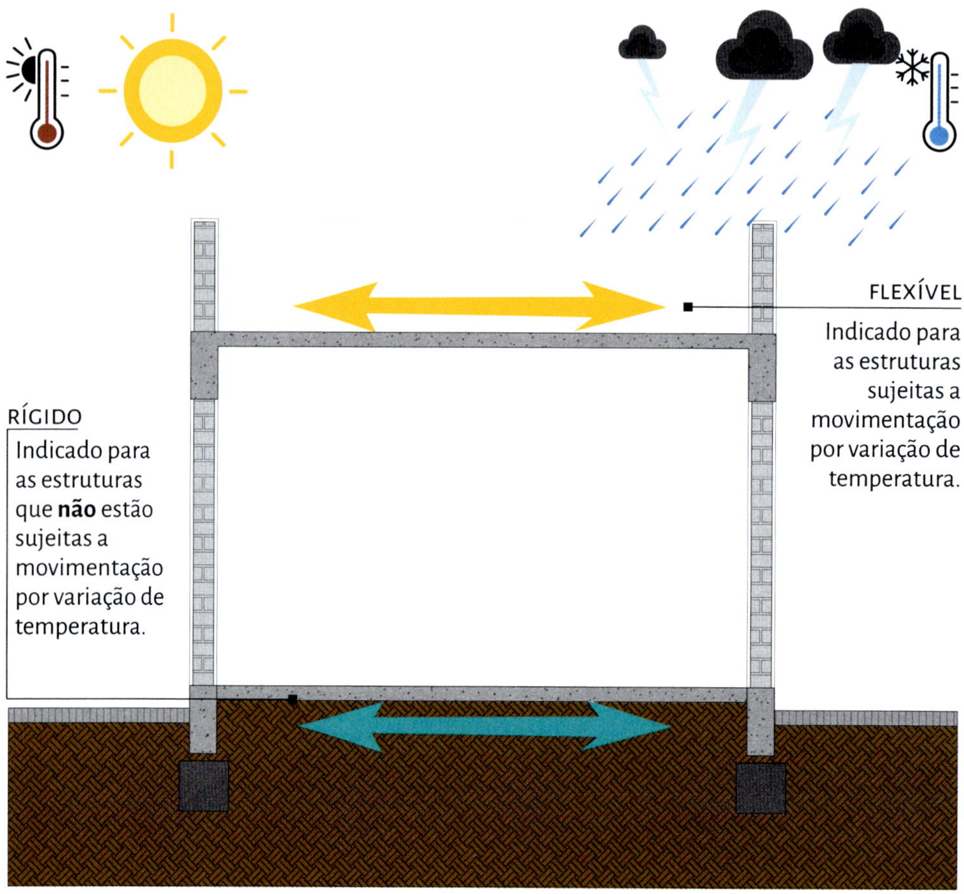

Figura 4.1 - Tipos de sistemas de impermeabilização conforme os tipos de movimentação.

Existem várias formas de classificação dos sistemas de impermeabilização, visto a grande variedade de técnicas e funções, conforme o quadro abaixo:

CLASSIFICAÇÃO	SISTEMAS DE IMPERMEABILIZAÇÃO
QUANTO A ADERÊNCIA	■ Aderentes ■ Semi-independentes ■ Independentes
QUANTO A FLEXIBILIDADE	■ Rígido ■ Semiflexível ■ Flexível
QUANTO AO MÉTODO DE EXECUÇÃO	■ Moldados no local → A frio → Pintura; Aplicação de camadas ■ Moldados no local → A quente
	■ Pré-fabricados
QUANTO AO MATERIAL	■ Argamassas → Com hidrofugantes; Poliméricas
	■ Cristalizantes
	■ Cimentícios
	■ Asfálticos → Membranas asfálticas a frio; Membranas asfálticas a quente; Mantas asfálticas/elatoméricas
	■ Poliméricos → Acrílicos/membranas acrílicas; Membranas poliméricas; Membranas de poliuretano; EPDM; PVC

Figura 4.2 - Classificações dos sistemas de impermeabilização.
Fonte: adaptado de Souza, 1997.

A ABNT NBR 9575 (2010) classifica os sistemas de impermeabilização em **cimentícios, asfálticos ou poliméricos**. Já a NBR 9475 (2008) classifica os sistemas em **rígidos ou flexíveis.**

4.1 IMPERMEABILIZAÇÃO RÍGIDA

Os impermeabilizantes rígidos são aqueles que não trabalham com a estrutura, levando a exclusão de áreas expostas a grandes variações de temperatura, e, por isso, são indicados para locais que não estão sujeitos a trincas e fissuras. Exemplos: fundações, caixas d'água e piscinas enterradas. Segundo a ABNT NBR 9574/2008, os tipos de impermeabilização são:

- Argamassa impermeável com aditivo hidrófugo;
- Argamassa modificada com polímero;
- Argamassa polimérica;
- Cimento cristalizante para pressão negativa;
- Cimento modificado com polímero;
- Membrana epoxídica.

4.2 IMPERMEABILIZAÇÃO FLEXÍVEL

Os impermeabilizantes flexíveis são aplicados nas partes onde pode ocorrer movimentação da base de apoio e podem ser divididos em dois tipos: moldados no local, que compreendem as membranas, e os pré-fabricados, que compreendem as mantas. Exemplos: lajes de cobertura e reservatórios elevados. Segundo a ABNT NBR 9574/2008, os tipos de impermeabilização flexível são:

- Membrana de asfalto modificado sem adição de polímero;
- Membrana de asfalto modificado com adição de polímero;
- Membrana de emulsão asfáltica;
- Membrana de asfalto elastomérico em solução;
- Membrana elastomérica de policloropreno e polietileno clorossulfonado;
- Membrana elastomérica de poliisobutileno (IIR), em solução;
- Membrana elastomérica de estireno-butadieno-estireno (SBS);
- Membrana elastomérica de estireno-butadieno-ruber (SBR);
- Membrana de poliuretano;
- Membrana de poliuretano modificado com asfalto;
- Membrana de polímero com cimento;
- Membrana acrílica;
- Mantas asfálticas;
- Manta de policloreto de vinila (PVC);
- Manta de polietileno de alta densidade (PEAD);
- Manta elastomérica de etileno-dieno-monômero (EPDM);
- Manta elastomérica de poliisobutileno isopreno (IIR).

4.3 PREPARAÇÃO DO SUSBTRATO

Para cada tipo de sistema de impermeabilização, existem procedimentos específicos para a preparação do substrato. Como não faz parte do escopo deste trabalho explicar detalhadamente esses procedimentos, vamos apresentar de forma genérica alguns dos processos que são importantes para o êxito da impermeabilização.

O substrato deve se apresentar:

1. Firme, coeso e homogêneo;
2. Limpo e isento de corpos estranhos, restos de formas, pontas de ferragens, restos de produtos desmoldantes ou impregnantes, falhas e ninhos;
3. Elementos transpassantes previamente fixados;
4. Em alguns casos, o substrato deve se encontrar seco; em outros, úmido. Porém deve estar isento de jorro de água. Na existência de jorro de água, fazer o tamponamento com cimento e aditivo de pega rápida;
5. Em áreas horizontais externas: declividade de no **mínimo 1%** em direção aos coletores de água; Em áreas horizontais internas: declividade **mínima de 0,5%**;

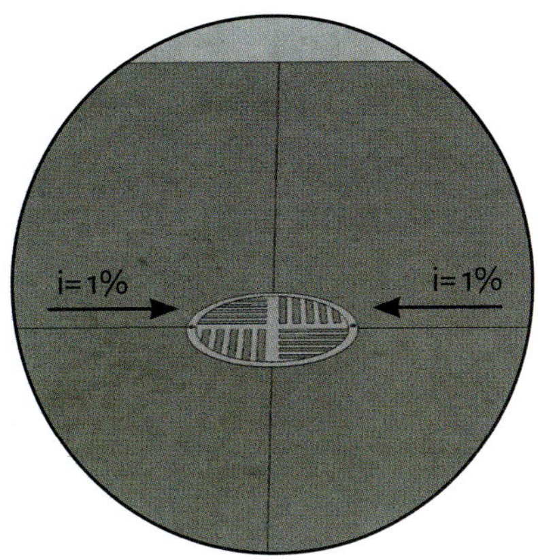

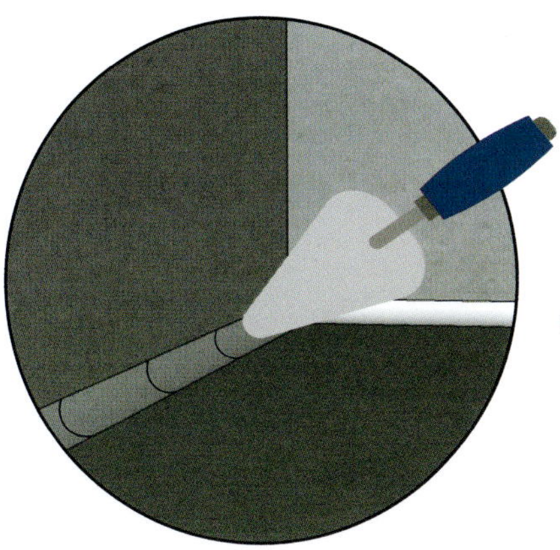

6. Os cantos devem estar em meia cana e as arestas arredondadas.

4.4 SISTEMA DE IMPERMEABILIZAÇÃO

O sistema de impermeabilização é um conjunto de produtos que são dispostos em camadas, com a finalidade de proporcionar a estanqueidade da água da edificação. Cada camada possui uma função específica, e a utilização de cada uma vai depender especificamente do tipo de impermeabilização escolhida. Porém, essas camadas, de maneira geral, são dispostas da seguinte maneira:

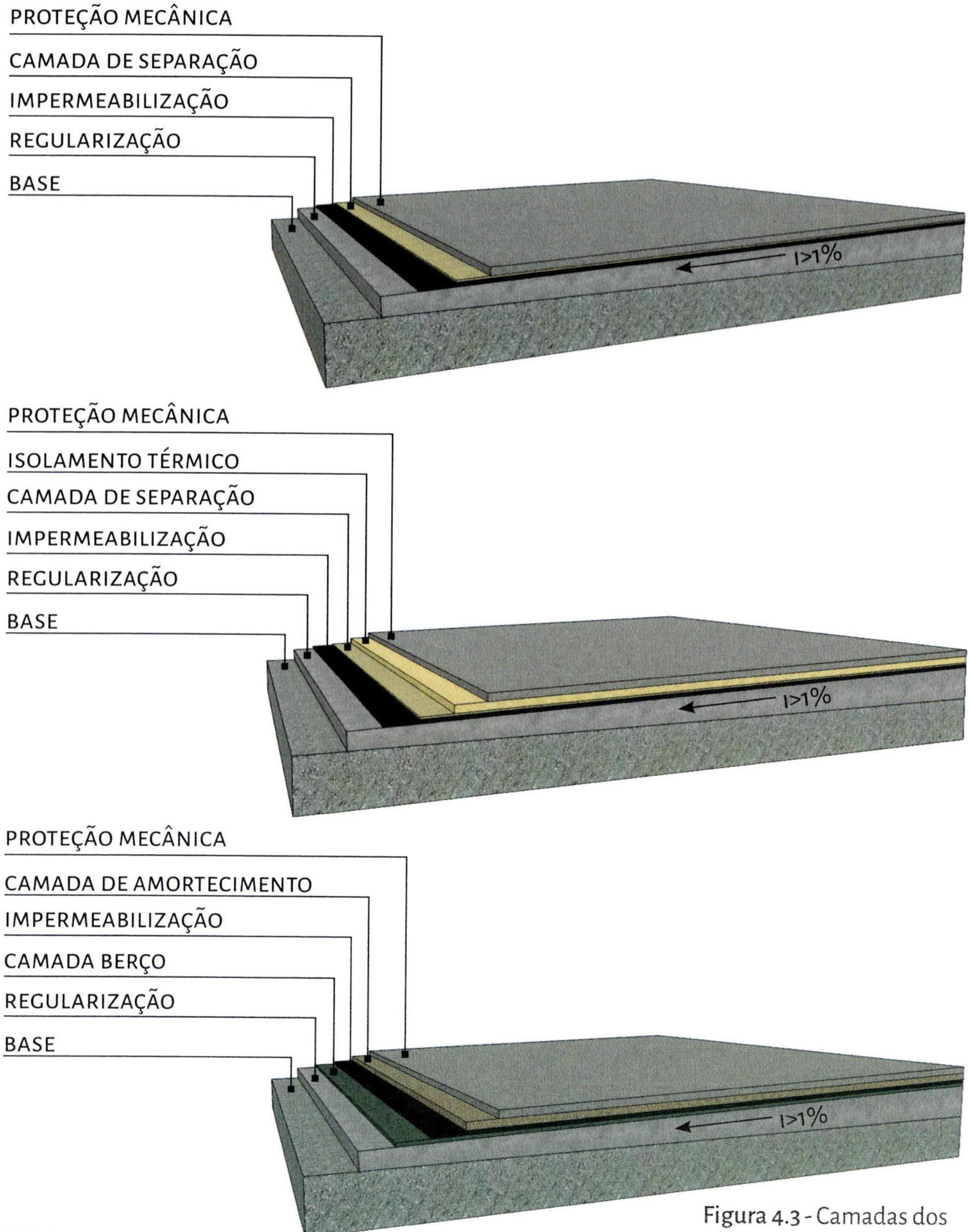

Figura 4.3 - Camadas dos sistemas de impermeabilização.

CAMADA DE REGULARIZAÇÃO

Função de regularizar o substrato (base), proporcionando uma superfície uniforme de apoio à camada impermeável.
Deve fornecer o caimento ou declividade necessária (mínimo 1%).

CAMADA IMPERMEÁVEL

Função de prover uma barreira contra a passagem de água ou vapor.

CAMADA DE PROTEÇÃO MECÂNICA

Função de absorver e dissipar os esforços estáticos ou dinâmicos atuantes sobre a camada impermeável, de modo a protegê-la contra a ação da água deletéria desses esforços.

CAMADA DE SEPARAÇÃO

Função de evitar a aderência de outros materiais sobre a camada impermeável.

CAMADA DE PROTEÇÃO TÉRMICA

Função de reduzir o gradiente de temperatura atuante sobre a camada impermeável, de modo a protegê-la contra os efeitos danosos do calor excessivo.

CAMADA BERÇO

Função de apoio e proteção da camada impermeável contra as agressões provenientes do substrato.

CAMADA DE AMORTECIMENTO

Função de absorver e dissipar os esforços estáticos ou dinâmicos atuantes sobre a camada impermeável, de modo a protegê-la contra a ação deletéria desses esforços.

Segundo a ABNT NBR 9575/2010, é importante que os sistemas de impermeabilização atendam algumas exigências:

1. Resistir às cargas estáticas e dinâmicas atuantes sob e sobre a impermeabilização, como puncionamento, fendilhamento, ruptura por tração, desgaste, descolamento e esmagamento;

2. Resistir aos defeitos dos movimentos de dilatação e retração do substrato e revestimentos, ocasionados por variações térmicas, como fendilhamento, ruptura por tração e descolamento;

3. Resistir à degradação ocasionada por influências climáticas, térmicas, químicas ou biológicas, como desgaste e descolamento;

4. Resistir às pressões hidrostáticas, de percolação, coluna d'água e umidade de solo, bem como descolamento ocasionado por perda de aderência;

5. Apresentar aderência, flexibilidade, resistência e estabilidade físico-mecânica compatíveis com as solicitações previstas nos demais projetos;

6. Resistir ao ataque e agressão de raízes de plantas ornamentais.

Observação: as APLICAÇÕES DOS TIPOS DE IMPERMEABILIZAÇÃO não serão abordadas, visto que cada fabricante possui suas técnicas de aplicação e informações de seus produtos, o que não faz parte do escopo deste trabalho.

4.3 REFERÊNCIAS

ABNT. ASSOCIAÇÃO BRASILEIRA DE NORMAS TÉCNICAS:

_____. **NBR 9574**: Execução de Impermeabilização. Rio de Janeiro, 2008.

_____. **NBR 9575**: Impermeabilização – Seleção e Projeto. Rio de Janeiro, 2010.

SOUZA, Julio Cesar Sabadini de. **Impermeabilização dos pisos do pavimento tipo de edifícios: diretrizes para o projeto e sistemas empregados.** Dissertação (Mestrado). Escola Politécnica, Universidade de São Paulo, São Paulo, 1997.

VEDACIT. **Manual técnico de impermeabilização de estruturas.** Edição nº 7. Dezembro/2012. Disponível em: <www.vedacit.com.br>. Acesso em: 07/10/2017.

YÁZIGI, Walid. **A técnica de edificar.** 10. ed. São Paulo: Pini: SindusCon, 2009.

5 Projeto de impermeabilização

5. PROJETO DE IMPERMEABILIZAÇÃO

5.1 PROJETO E EXECUÇÃO

Para a elaboração de projetos de impermeabilização (gráfico e executivo) recomenda-se que o profissional tenha experiência na execução do sistema, à qual o desempenho da impermeabilização estará condicionado a uma boa execução do sistema. Os cuidados iniciam no preparo da base, no uso adequado de cada material especificado no projeto, na execução do sistema respeitando os tempos entre cada etapa, na realização do teste de estanquidade do sistema e, a partir da verificação da estanquidade, na liberação da execução dos serviços subsequentes.

- EMPRESA
- PROBLEMAS
- MATERIAIS
- EXECUÇÃO
- CONTROLE

Todo profissional engenheiro ou arquiteto deve ser capaz de especificar sistemas, selecionar materiais, contratar empresas e fiscalizar a execução dos serviços, tanto referentes a novas impermeabilizações quanto manutenções e reparos. Ele ainda deve conhecer as interações da impermeabilização com as demais partes do edifício, prevendo os detalhes necessários na fase de projeto (PICCHI, 1986).

PROFISSIONAL PROJETISTA

- RESPONSÁVEL POR GARANTIR A ESTANQUEIDADE DA EDIFICAÇÃO
- INTERAÇÃO DE PROJETOS COM OS DEMAIS PROFISSIONAIS: ARQUITETO, ENGENHEIRO ESTRUTURAL, ELÉTRICO E HIDROSSANITÁRIO, PAISAGISTA, ENTRE OUTROS

A existência de projetos adequados e inseridos em um contexto de medidas que objetivem a formação de mão de obra e o controle da produção, torna o processo de produção mais rápido e eficiente, com a diminuição de desperdícios, retrabalhos e adaptações em canteiro (SOUZA e MELHADO, 1997).

5.2 PROJETO ARQUITETÔNICO X PROJETO IMPERMEABILIZAÇÃO

O ato de projetar vai muito além de lançar uma ideia e transportá-la ao papel. É necessário o entendimento dos vários processos que decorrem de uma edificação; é um ato de pensar a construção, o hábito e o lugar, de modo a transformar a situação pré-existente em algo novo, que configure um suporte habitável, no sentido pragmático da configuração do abrigo e da proteção que o conhecimento da técnica viabiliza (MACIEL, 2003).

É importante viabilizar um projeto arquitetônico que se transforme em uma edificação habitável e duradoura, que traga elementos importantes de proteção à ação de umidade no estado líquido e gasoso. Por isso, é necessário que se tenha uma visão além do projeto, como forma arquitetônica conceitual, visando atender um espaço, os aspectos relativos aos programas, as necessidades e ainda as diretrizes projetuais para o desempenho. É preciso conhecer as etapas dos processos construtivos como um todo, do projeto à execução, das fundações até a cobertura.

Uma recomendação é que, além do conhecimento técnico conceitual e prático sobre os projetos arquitetônicos e a aplicação dos produtos existentes no mercado, os profissionais tenham conhecimentos sobre a resistência dos materiais e suas características físicas no momento de especificar. Portanto, é fundamental que o profissional tenha um vasto domínio das ferramentas para que possa trabalhar sobre a compatibilização dos projetos, especificações de materiais, aplicação e controle, e com isso obtenha uma melhor visualização de um sistema integrado ao outro.

Pontos importante que antecedem o processo para o desenvolvimento do projeto de impermeabilização:

1. Identifica as interferências de instalações e arquitetura, subsidiando o projeto de impermeabilização;
2. Consultar a NBR 9575 (2010);
3. Colocar todos os projetistas em contato direto;
4. Contratar um especialista para o projeto de impermeabilização;
5. Observar se os materiais especificados atendem às normas técnicas;
6. Procurar influir na coordenação dos projetos.

Com um projeto bem definido, detalhado e especificado tecnicamente, diminuem os riscos de surgir problemas de infiltrações e manifestações patológicas na edificação. Para isso, a ABNT NBR 9575 (2010) recomenda que o projeto seja desenvolvido em conjunto e compatibilizado com os demais projetos de construção (projetos complementares), prevendo as **correspondentes especificações** em termos de tipologia, cargas, ensaios e detalhes construtivos, conforme as figuras a seguir:

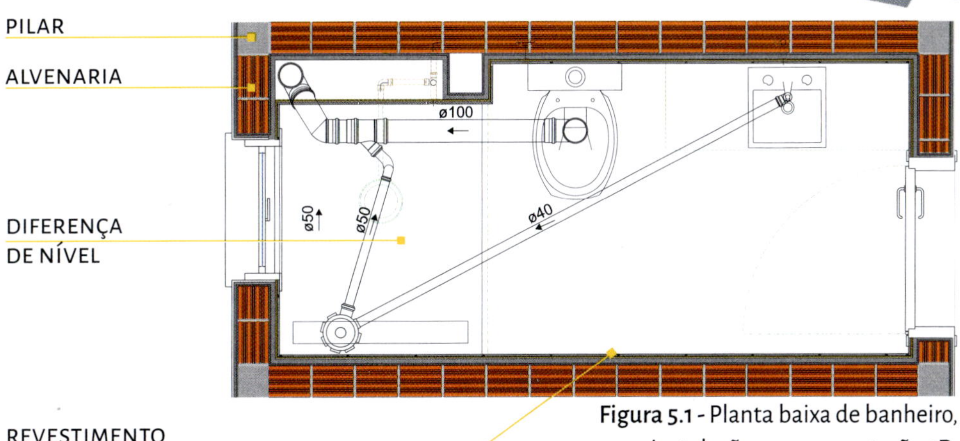

Figura 5.1 - Planta baixa de banheiro, instalações e representação 3D.

Um aspecto fundamental é que o projeto de impermeabilização deve evitar a passagem de fluidos e vapores nas construções, pelas partes que requerem estanqueidade, observando a norma de desempenho – ABNT NBR 15575, a fim de proteger os elementos verticais e horizontais expostos ao intemperismo e agentes agressivos presentes na atmosfera.

Souza e Melhado (1997) estabeleceram algumas informações que devem ser verificadas nos anteprojetos de arquitetura, em conjunto com os demais projetos complementares (estruturas e sistemas prediais):

ANTEPROJETO	INFORMAÇÕES A SEREM OBTIDAS
Arquitetura	▪ Desníveis entre os ambientes no nível do piso acabado; ▪ Especificação dos revestimentos de piso a serem empregados nas áreas impermeabilizadas; ▪ Posição de ralos; ▪ Existência de caimentos; ▪ Detalhes de soleiras, rebaixos e degraus; ▪ Especificação do tipo e fixação das esquadrias de portas de correr.
Estruturas	▪ Espessuras das lajes; ▪ Desníveis previstos nas lajes; ▪ Posicionamento de pilares.
Sistemas prediais	▪ Tipo, posição e diâmetro das tubulações passantes pela laje; ▪ Tipo, posição e diâmetro dos ralos existentes nas áreas internas; ▪ Tipo, posição e diâmetro das tubulações de gás embutidas no contrapiso/regularização; ▪ Posicionamento de eletrodutos passantes pela laje e ao nível do rodapé.

Várias são as maneiras de representar graficamente um projeto de impermeabilização, porém o importante é sempre apresentar a maior quantidade possível de detalhamentos, a fim de evitar problemas futuros. Através do projeto arquitetônico, pode-se destacar inicialmente quais são as áreas afetadas, para, posteriormente, detalhar cada interferência dos sistemas. Na Figura 5.2 é apresentado um exemplo de planta baixa de uma residência unifamiliar, onde são destacadas algumas das áreas a serem analisadas e detalhadas:

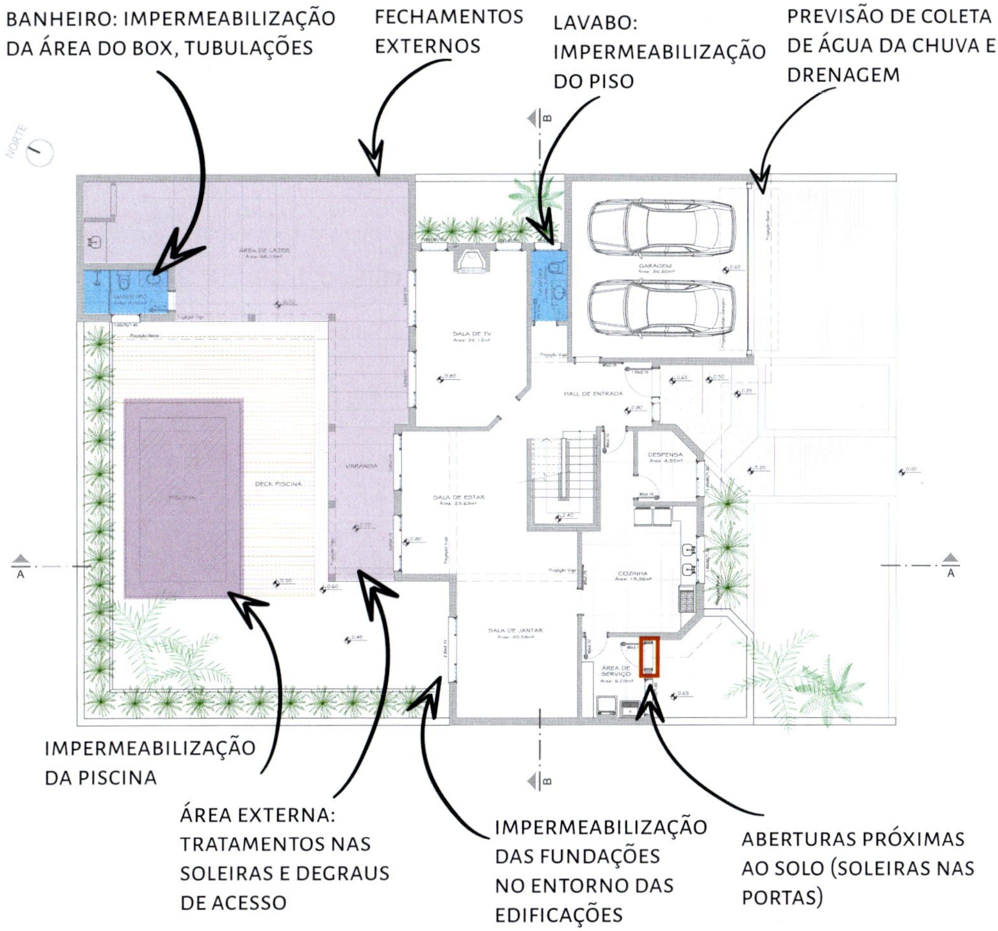

Figura 5.2 - Planta baixa destacando as áreas a serem impermeabilizadas.

Para escolher determinado tipo de impermeabilização, é preciso uma análise criteriosa das propriedades dos materiais no que se refere ao seu comportamento frente às condições impostas na área a ser impermeabilizada. Cada tipo de área apresenta os principais sistemas a serem utilizados, onde a escolha dos materiais deve ser determinada levando em consideração diversos fatores como a dimensão da obra, forma da estrutura, interferências existentes na área, custo, vida útil, etc (YÁZIGI, 2009). Além disso, a ABNT NBR 9575/2010 orienta que, para escolher o tipo de impermeabilização, devem ser analisadas quais são as solicitações dos fluidos impostas nas partes construtivas que necessitam de estanqueidade. Conforme visto no Capítulo 3 deste livro, as solicitações podem ocorrer por água de percolação, condensação, capilaridade ou fluido sob pressão unilateral ou bilateral.

Duas são as normas balizadoras para o projeto e para a execução da impermeabilização: a **ABNT NBR 9574/2008 – Execução de Impermeabilização**, e a **ABNT NBR 9575/2010 – Impermeabilização: Seleção e Projeto**. As normas estabelecem exigências e recomendações para a proteção da construção contra a passagem de fluidos, garantindo a estanqueidade dos elementos construtivos, além de requisitos de salubridade, segurança e conforto do usuário. Conforme a ABNT NBR 9575/2010, o projeto de impermeabilização deve ser feito através das seguintes etapas:

1 ESTUDO PRELIMINAR

- Relatório contendo a qualificação das áreas;
- Planilha contemplando os tipos de impermeabilização aplicáveis a edificação.

2 PROJETO BÁSICO DE IMPERMEABILIZAÇÃO

- Definição de áreas a serem impermeabilizadas e equacionamento das interferências existentes entre os elementos e componentes construtivos;
- Definição dos sistemas de impermeabilização;
- Planilha de levantamento quantitativo;
- Estudo de desempenho;
- Estimativa de custos.

3 PROJETO EXECUTIVO DE IMPERMEABILIZAÇÃO

- Plantas de localização e identificação das impermeabilizações, bem como dos locais de detalhamento construtivo;
- Detalhes específicos e genéricos que descrevam graficamente todas as soluções de impermeabilização;
- Detalhes construtivos que descrevam graficamente as soluções adotadas no projeto de arquitetura;
- Memorial descritivo dos materiais e das camadas de impermeabilização;
- Memorial descritivo dos procedimentos de execução;
- Planilha de quantitativos de materiais e serviços.

5.3 DETALHAMENTOS DE ELEMENTOS CONSTRUTIVOS COM FOCO NA IMPERMEABILIZAÇÃO

Alguns sistemas de impermeabilização possuem interferências com outros sistemas (estrutural, alvenarias e fechamentos, revestimentos, esquadrias, entre outros), que podem dificultar o desempenho da sua principal função: a estanqueidade. A ABNT NBR 9575 (2010) relaciona alguns requisitos básicos que deve constar no projeto executivo de impermeabilização, a fim de evitar tomadas de decisões durante a execução.

Assim, vamos apresentar algumas das partes das edificações e as suas interferências nos sistemas entre si, que vão desde a fundação até a cobertura. Na Figura 5.3, apresenta-se um corte com alguns pontos de interferência nos sistemas.

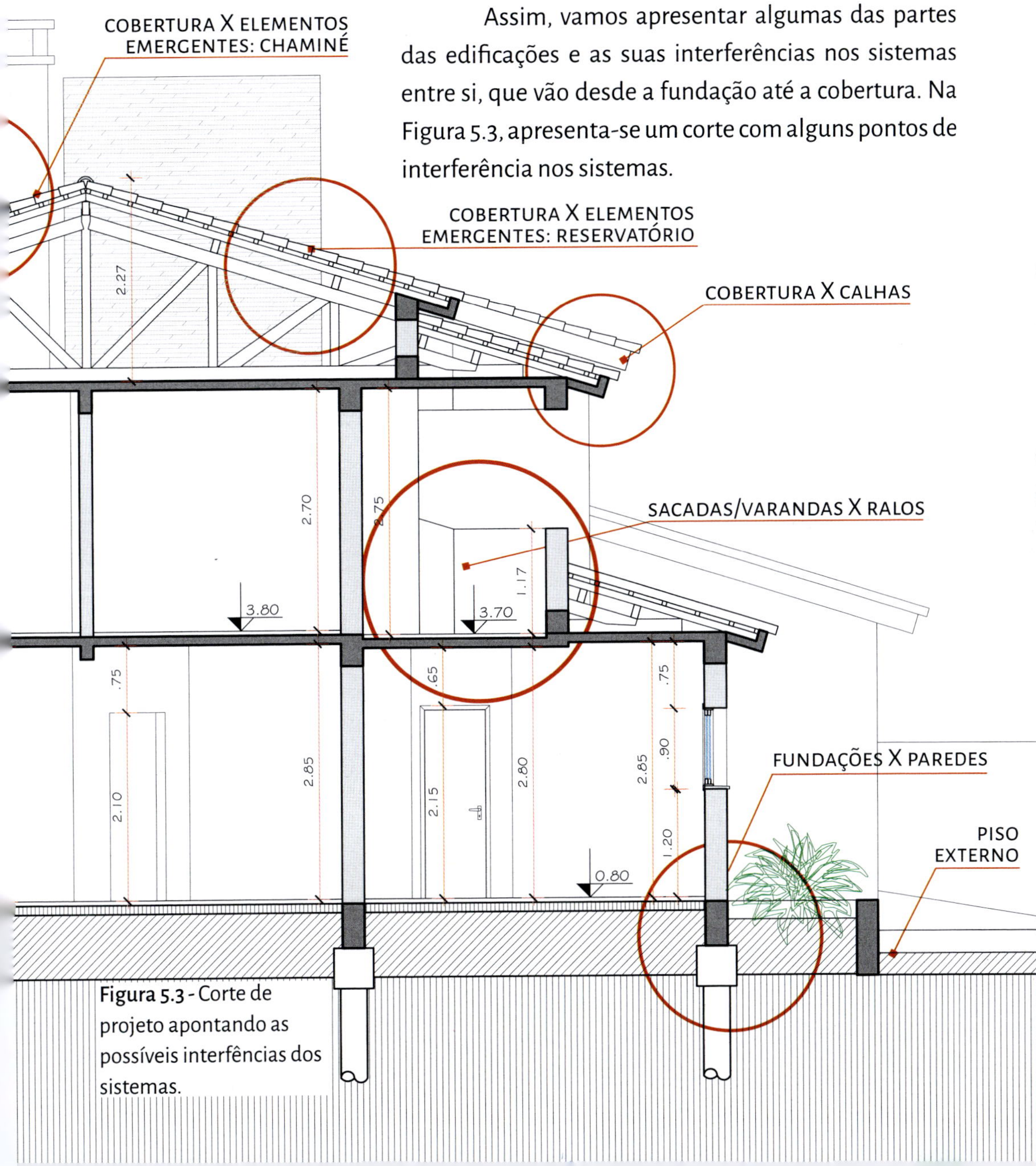

Figura 5.3 - Corte de projeto apontando as possíveis interfências dos sistemas.

Os projetistas devem avaliar os seguintes subsistemas:

- FUNDAÇÕES;
- VEDAÇÕES VERTICAIS EXTERNAS;
- JUNTAS DE DILATAÇÃO/CONTROLE;
- LAJES E COBERTURAS;
- ZONAS DE ESCOAMENTO PLUVIAL;
- BANHEIROS E ÁREAS ÚMIDAS.

5.3.1 FUNDAÇÕES

Por estarem em contato com o solo, as fundações ficam sujeitas a umidade proveniente dele. A impermeabilização da fundação deve ser executada de forma adequada, respeitando as características dos materiais a serem aplicados. No caso de má execução da impermeabilização, pode haver infiltração por capilaridade o que atinge os demais sistemas da edificação (alvenaria e revestimento).

Nesse livro, vamos exemplificar apenas as fundações rasas, pois são as mais comumente utilizadas em projetos de edificações residenciais. A aplicação de uma camada drenante com a presença de brita e areia é fundamental para diminuir o impacto da umidade ascensional no contrapiso. As fundações rasas podem ser as sapatas isolada ou corrida; e radier.

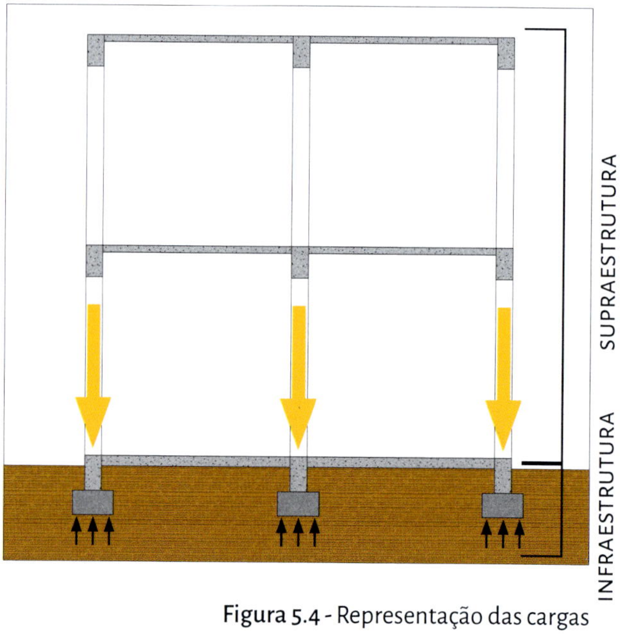

Figura 5.4 - Representação das cargas atuantes nas fundações.

VIGA DE BALDRAME

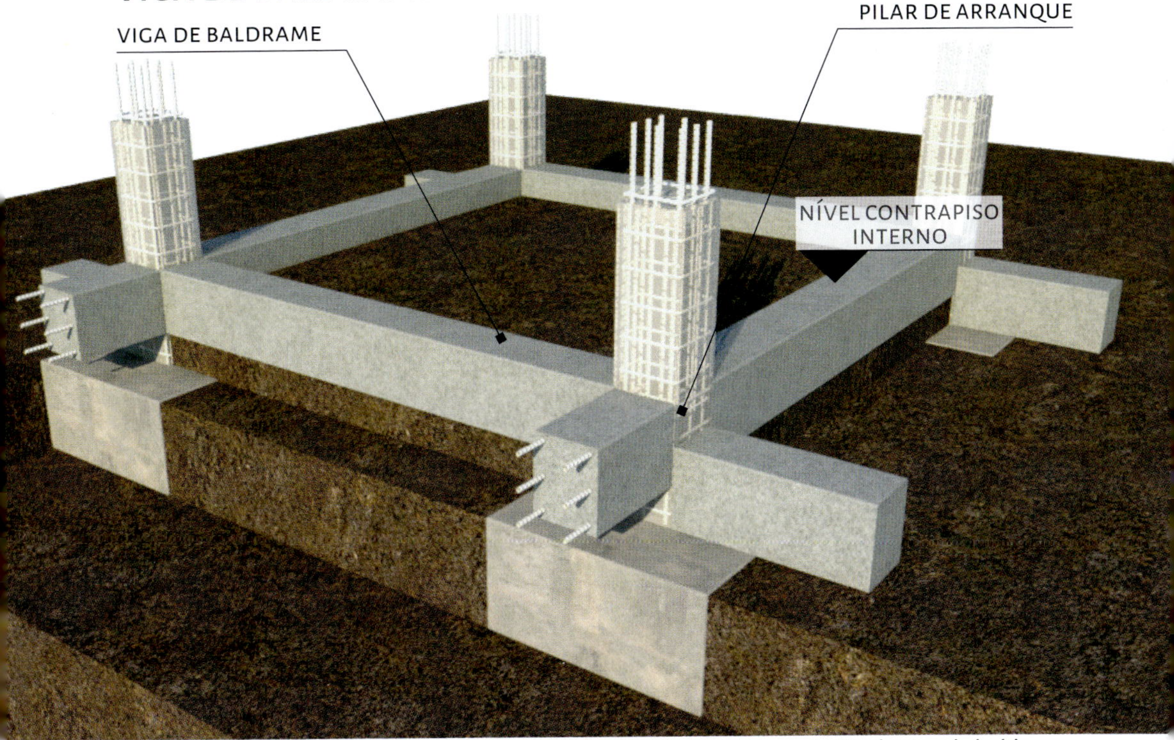

Figura 5.5 - Representação de viga de baldrame.

Detalhamento de impermeabilização de viga baldrame:

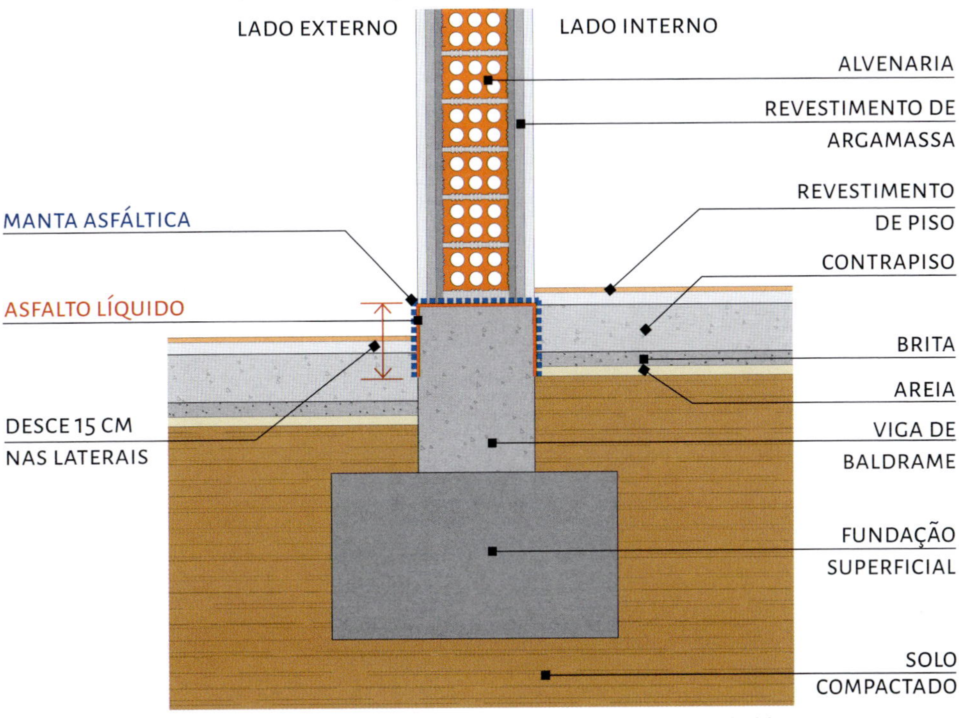

Figura 5.6 - Detalhe em corte da impermeabilização da viga de baldrame.

Sistemas que sofrem interferência da fundação:

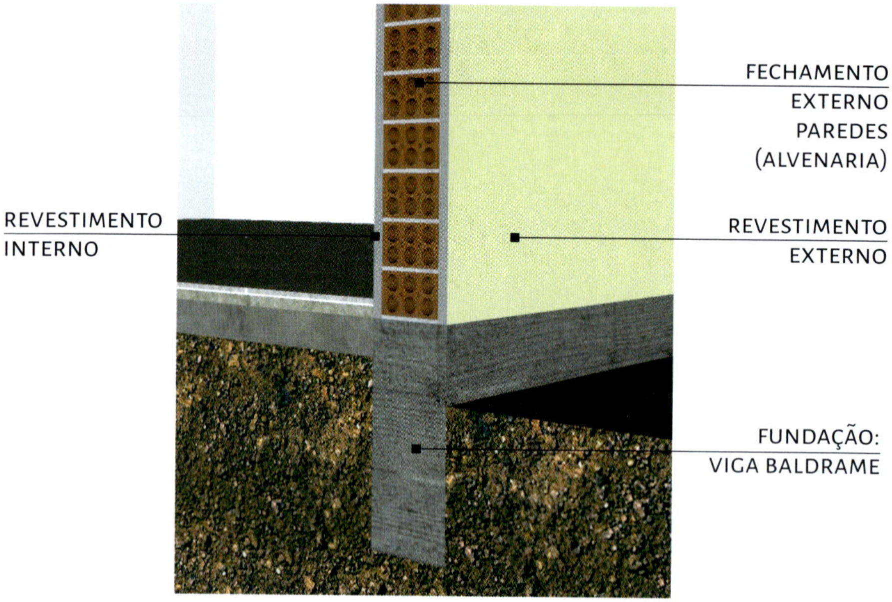

Figura 5.7 - Representação de viga de baldrame e parede de alvenaria.

Figura 5.8 - Detalhe da impermeabilização da viga de baldrame.

RADIER

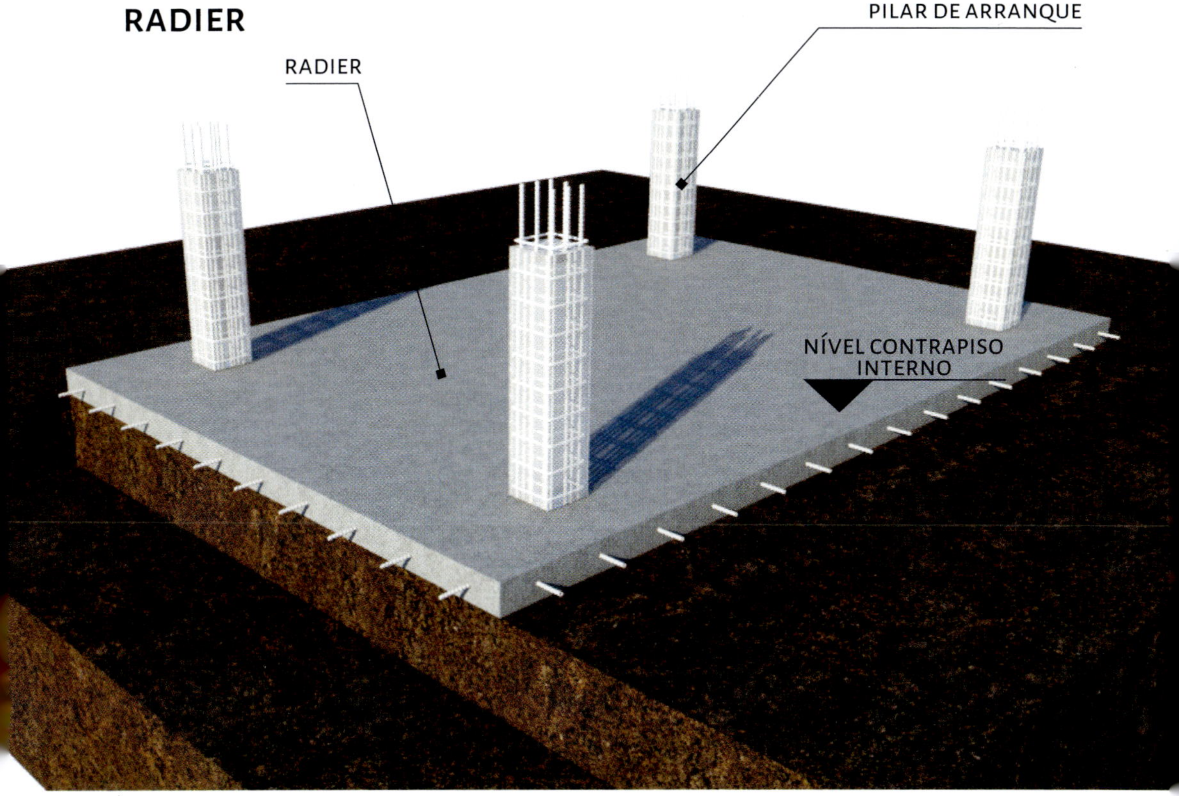

Figura 5.9 - Representação de radier.

Detalhamento de impermeabilização de radier:

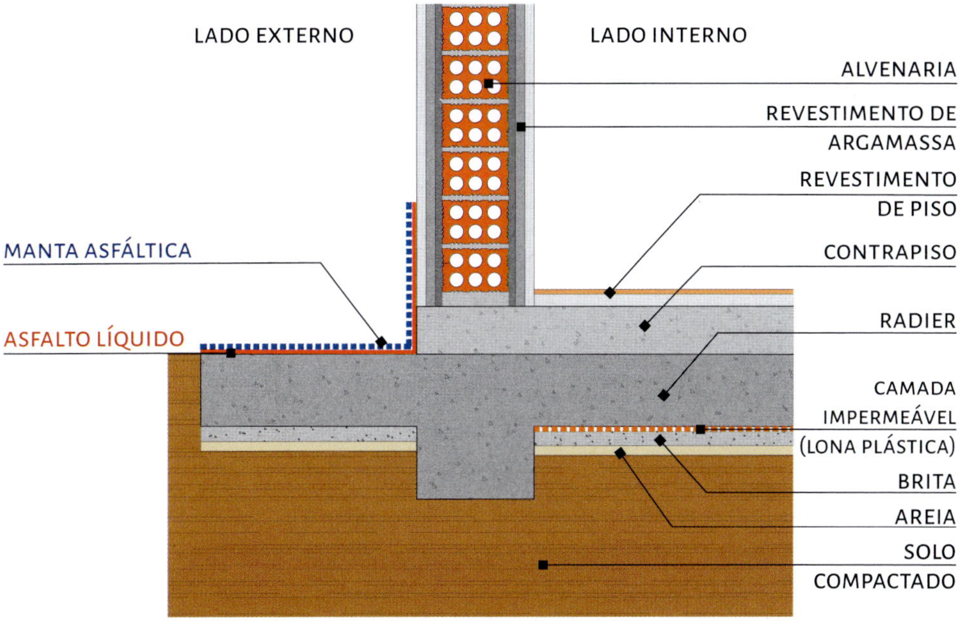

Figura 5.10 - Detalhe em corte da impermeabilização do radier.

Sistemas de impermeabilização mais comumente utilizados em fundações:

- Argamassas poliméricas (para a regularização das vigas baldrames compostos por material cimentício produzido com aditivos, polímeros e minerais para garantir a impermeabilidade);
- Membranas poliméricas;
- Cristalizantes (revestimentos de paredes externas e no concreto das vigas baldrames);
- Mantas asfálticas aplicadas a quente ou a frio;
- Emulsões asfálticas;
- Soluções asfálticas.

5.3.2 VEDAÇÕES VERTICAS EXTERNAS

As vedações verticais externas fazem parte do invólucro da edificação e juntamente com as aberturas externas sofrem grande influência do clima, do frio, do calor, da chuva, do sol e do vento. Elas protegem os ambientes externos e internos das intempéries e, por isso, devem ser resistentes e impermeáveis.

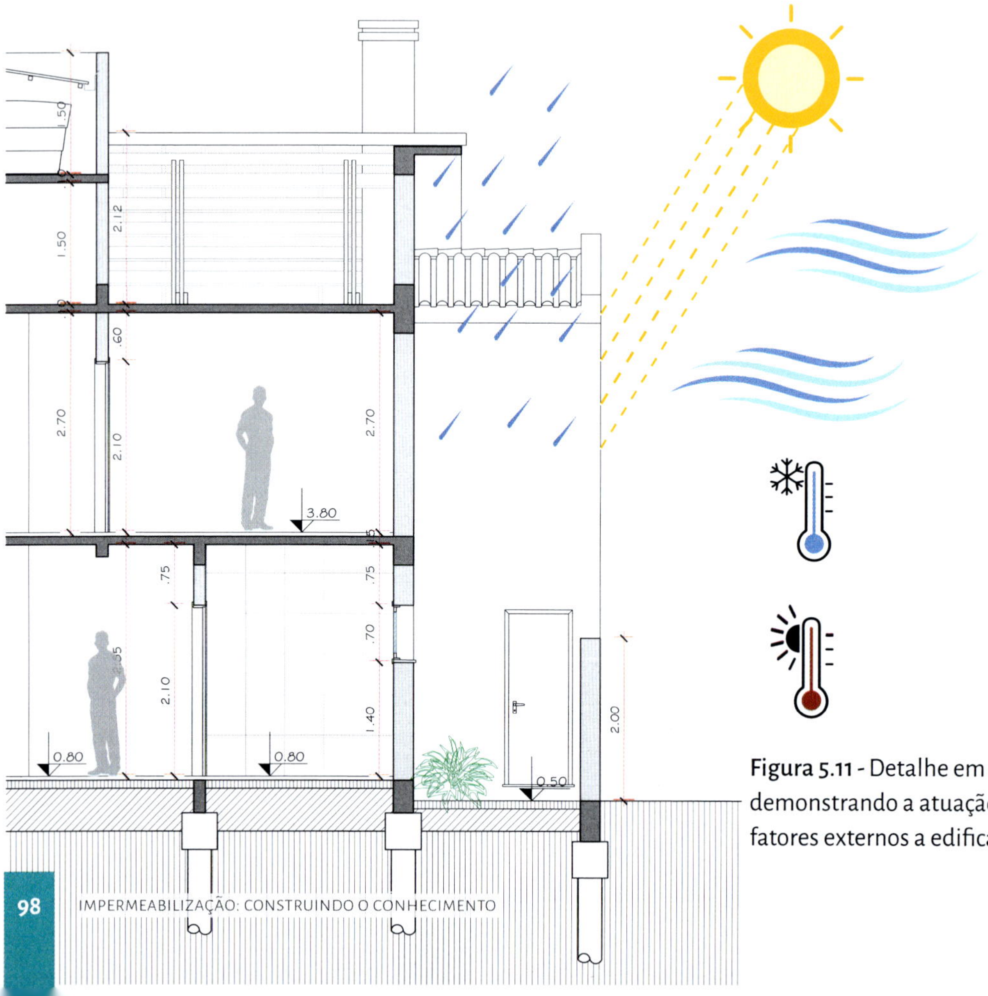

Figura 5.11 - Detalhe em corte demonstrando a atuação de fatores externos a edificação.

PAREDES EXTERNAS

Ching (2010) explica que as paredes externas são uma série de estruturas verticais, que servem para delimitar, dividir ou proteger uma área e fazem parte da fachada de uma edificação. Dessa forma, servem como escudo protetor às intempéries e devem ser duráveis e resistentes aos efeitos do desgaste promovido por elas ao longo do tempo.

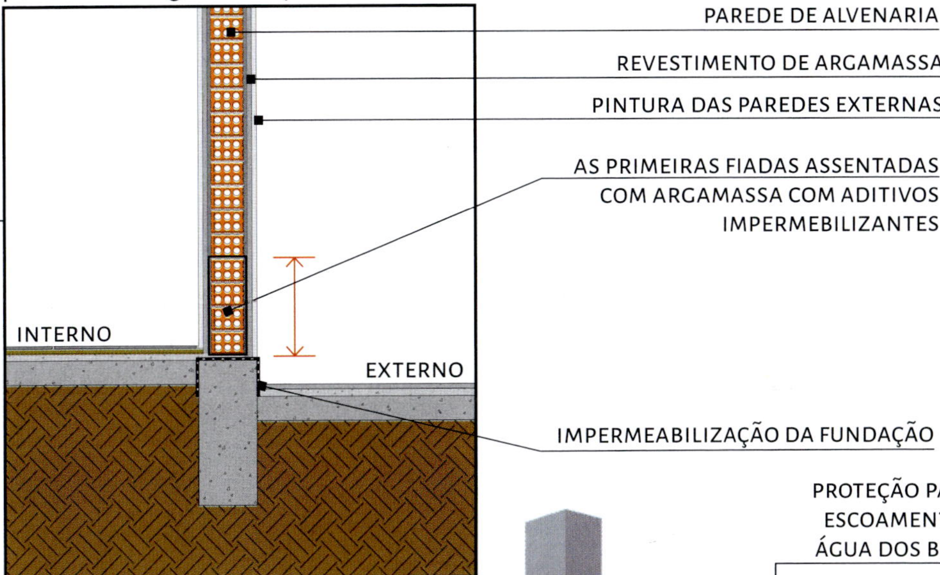

Figura 5.12 - Detalhe em corte das proteções da alvenaria.

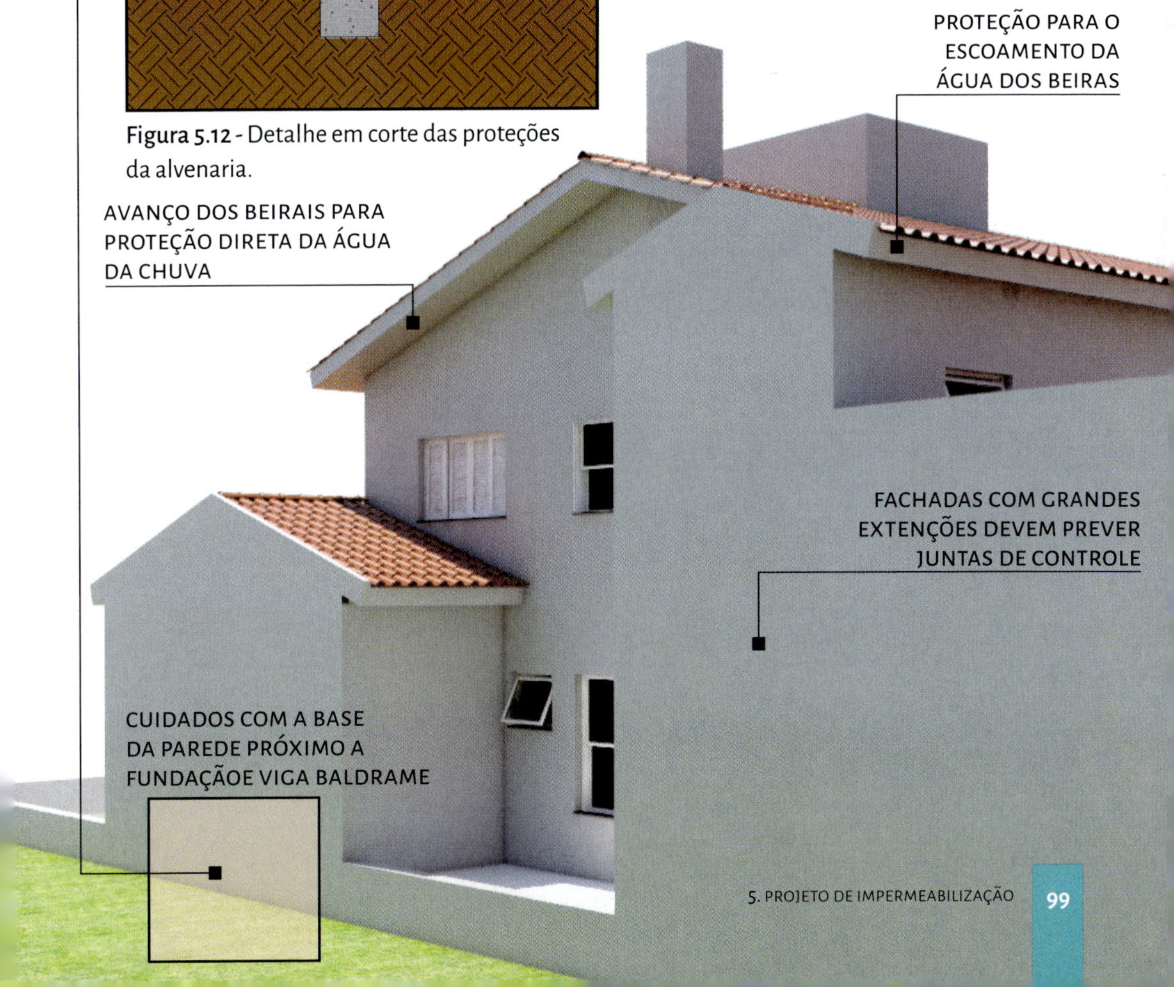

JANELAS - PEITORIS

As janelas têm por finalidade, além da ventilação e iluminação, a proteção dos ambientes contra as intempéries como chuva, vento, frio e calor. No entanto, os problemas com a vedação e instalação das janelas e seus componentes acabam prejudicando o seu desempenho ao longo do tempo.

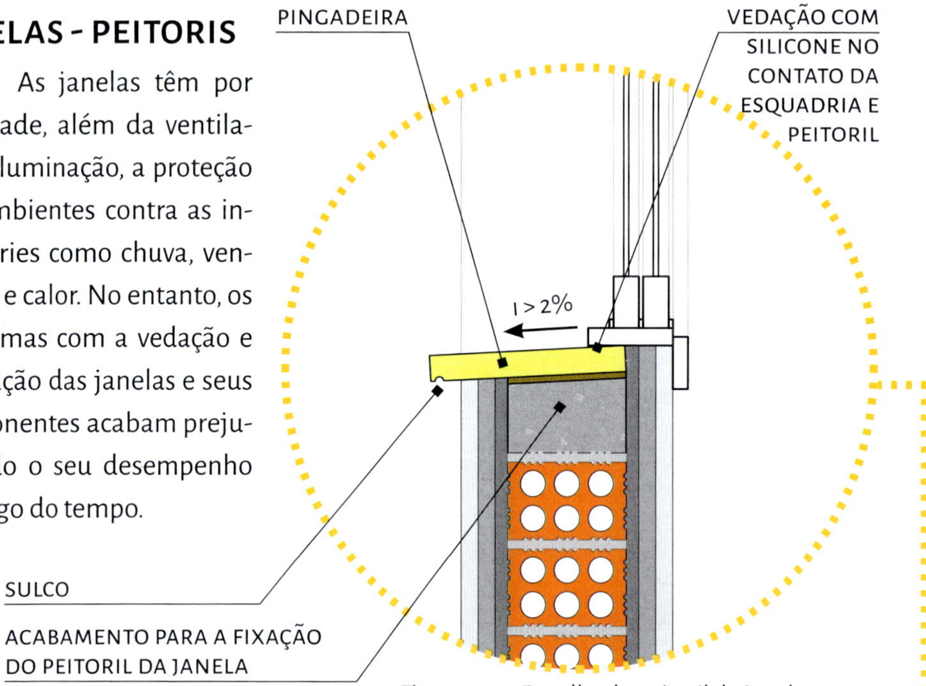

Figura 5.13 - Detalhe do peitoril da janela.

A presença da pingadeira nos peitoris das janelas evita a infiltração da água e o surgimento de manchas de umidade nas superfícies externas das paredes. Além disso, o caimento de 2% evita a infiltração da água para o interior do ambiente.

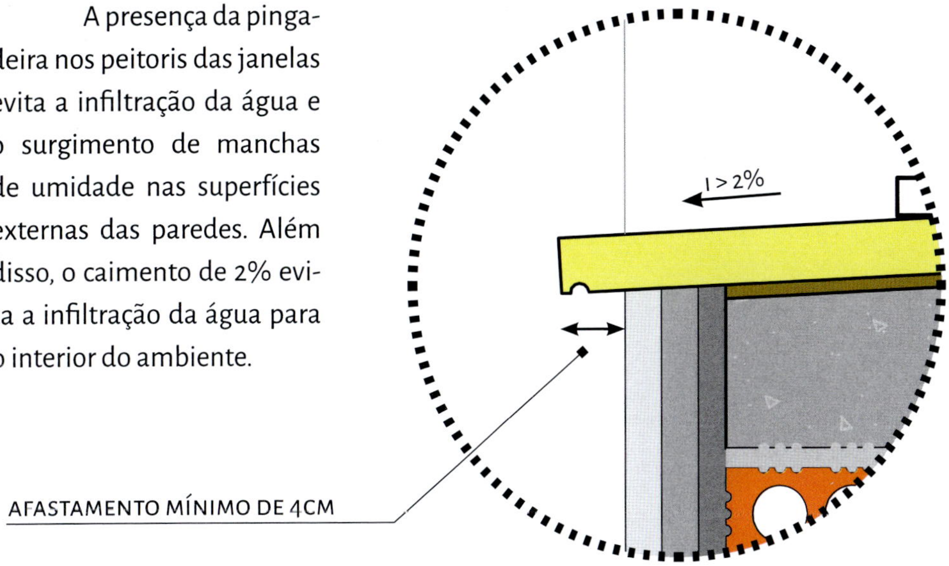

Figura 5.14 - Detalhe de pingadeira.

A presença da pingadeira no peitoril das janelas permite que a água que cai mantenha o fluxo e se afaste da parede. Já quando não possui esse elemento, a água que cai mantém seu fluxo escoando pela parede.

Importância da pingadeira e da presença dos sulcos ou rasgos no peitoril das janelas:

Figura 5.15 - Detalhe do peitoril da janela sem o sulco.

Figura 5.16 - Detalhe do peitoril da janela com o sulco.

PORTAS - SOLEIRAS

As soleiras são pontos críticos, principalmente nas coberturas ou terraços, ou seja, regiões que recebem a incidência direta ou indireta de chuva. Para sacadas abertas e com possibilidade de incidência de chuva, é necessário que, no projeto estrutural, se faça o desnível na concretagem da laje entre a área externa e a área interna (Yázigi, 2009). Essa diferença de nível pode ser de 3 a 5 cm.

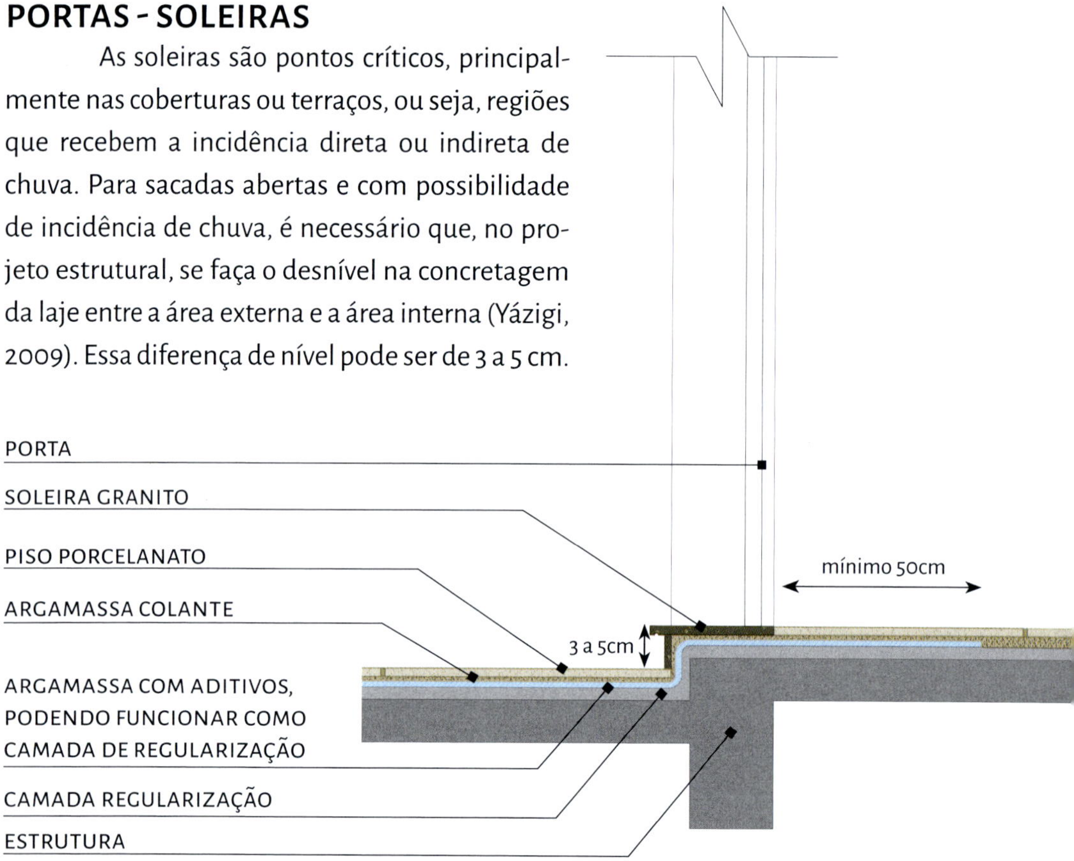

Figura 5.17 - Detalhe impermeabilização soleira.

5.3.3 JUNTAS DE TRABALHO (DE MOVIMENTAÇÃO)

As juntas de trabalho são espaços definidos em projeto com o objetivo de permitir movimentos relativos de partes da construção, devido à variação da umidade e/ou temperatura, sem prejudicar a sua integridade funcional.

Nas fachadas, conforme apresentado nas Figuras 5.18 e 5.19, recomenda-se que a junta horizontal de movimentação do revestimento externo de argamassa seja executada no mesmo alinhamento do encontro da alvenaria com a viga ("encunhamento"). Caso não seja realizada esta junta nessa região, pode ocorrer movimentação diferenciada na região do "encunhamento" e gerar tensões no revestimento e aparecimento de fissuras. Por essas fissuras, pode haver a infiltração da água da chuva. Outra vantagem da execução da junta de movimentação no revestimento argamassado é permitir a movimentação dos planos do revestimento sem gerar tensões de cisalhamento entre eles e a formação de fissuras.

JUNTAS DE TRABALHO (DE MOVIMENTAÇÃO)

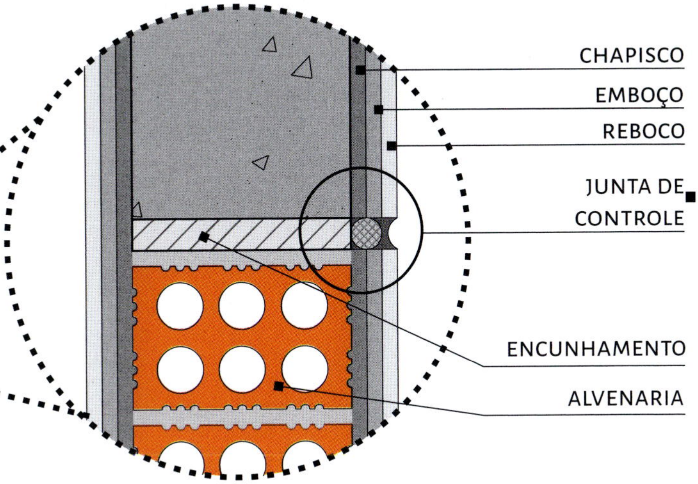

Figura 5.18 - Detalhe junta de trabalho (de movimentação).

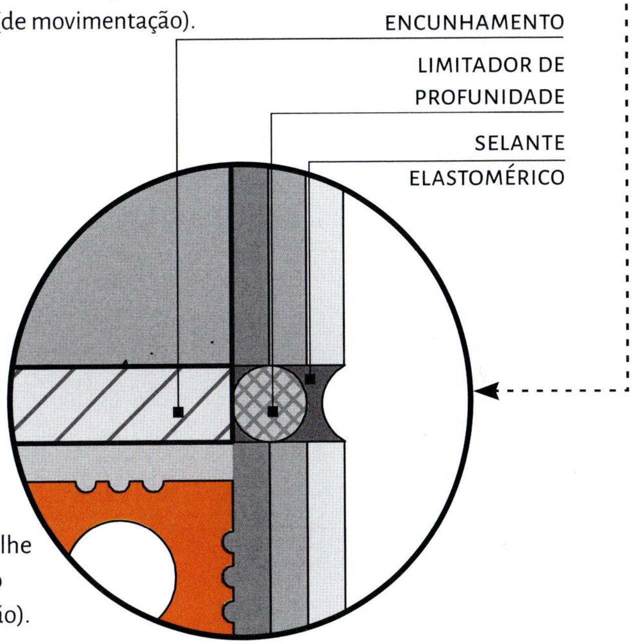

Figura 5.19 - Detalhe junta de trabalho (de movimentação).

Além disso, as juntas de controle devem ser preenchidas com um material resiliente (espuma de polietileno de baixa densidade ou borracha alveolar, por exemplo), com a função de limitar a profundidade da junta, e vedadas com selante elastomérico para impedir a entrada de água. É importante salientar que o limitador de profundidade e o selante devem ser compatíveis quimicamente.

Deve-se tomar cuidado especial com o uso de juntas de controle nos projetos, para garantir o desempenho da construção, de forma que a sua presença não afete a segurança estrutural e a estanqueidade da parede. Esses cuidados estão listados a seguir:

- A junta de controle não pode afetar a estabilidade ou a transmissão de carga da parede ou qualquer outra função;
- O posicionamento da junta de controle não pode reduzir a resistência ao fogo do elemento estrutural ou ser o local por onde os gases quentes e as chamas se propagam no andar;
- Nas paredes externas, as juntas de controle devem ser seladas, de forma a prevenir a entrada de umidade;
- As juntas de controle não podem ocorrer nos encontros entre paredes, de forma a produzir instabilidades laterais no elemento estrutural;
- As juntas de controle devem ser seccionadas na altura da cinta e da laje.

JUNTA DE DILATAÇÃO

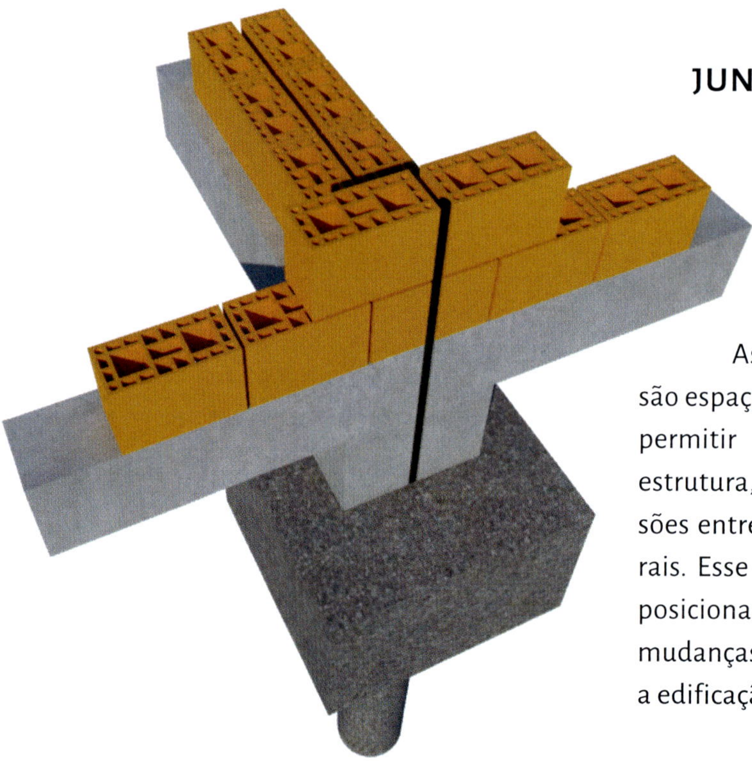

Figura 5.20 - Detalhe junta de dilatação.

As juntas de dilatação são espaços entre estruturas para permitir as movimentações da estrutura, sem concentrar tensões entre os elementos estruturais. Esse tipo de junta deve ser posicionado sempre que houver mudanças de rigidez e que levem a edificação a se separar.

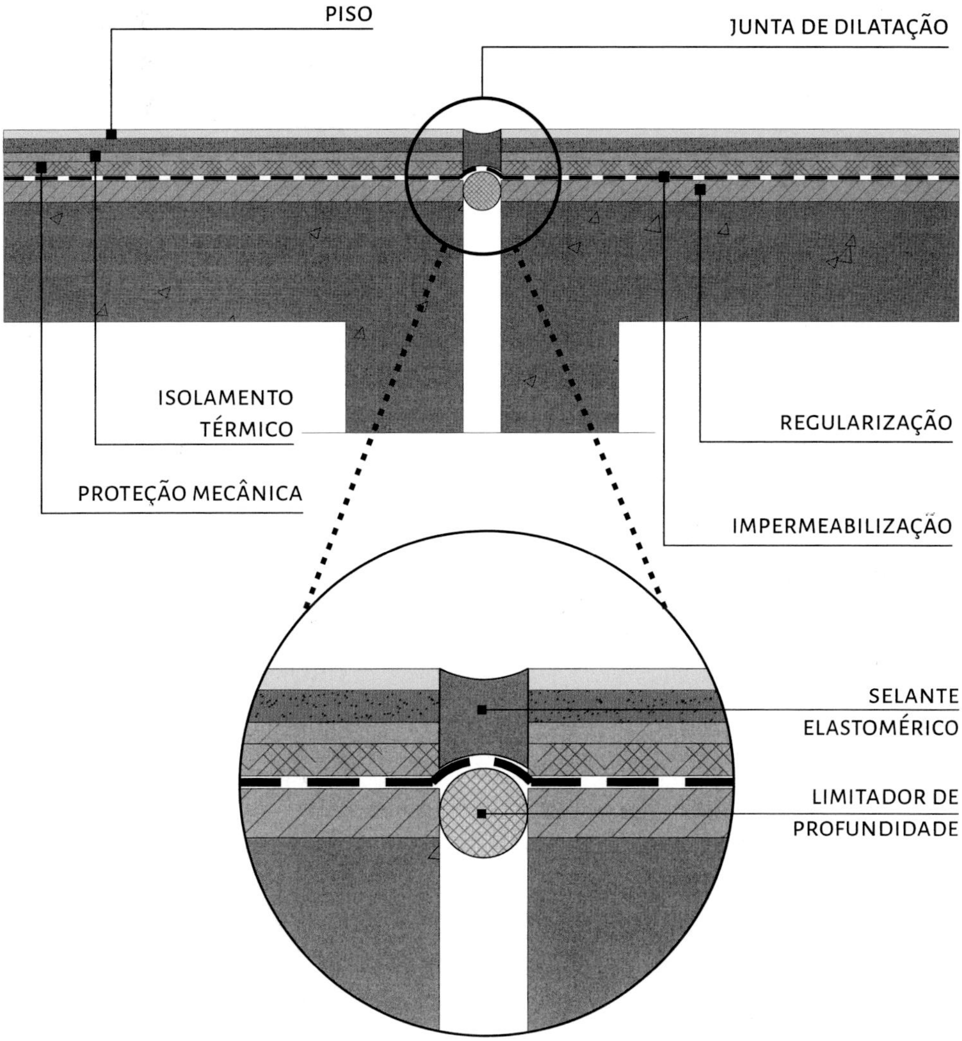

Figura 5.21 - Detalhe junta de dilatação.

5.3.4 COBERTURA

A cobertura tem como objetivo impedir a entrada de água na edificação. Os elementos de captação de água, como calhas, e de condução da água, como os tubos de queda, complementam o sistema.

A calha utilizada deve ser escolhida com base na área do telhado e do número de tubos de queda. Deve-se tomar cuidado com suas inclinações, onde a vazão de água calculada deve escoar até a tubulação vertical. A calha deve ser fixada na alvenaria com chumbadores (buchas e parafusos) para o posterior revestimento e fixação do contra-rufo de proteção, com algum tipo elemento de vedação do contato entre as calhas no sentido do comprimento (PU).

A escolha do rufo interfere muito na proteção da face interna do muro da platibanda. O rufo de aba longa protege toda a lateral interna do muro, barrando o contato da água com a parede.

PLATIBANDA

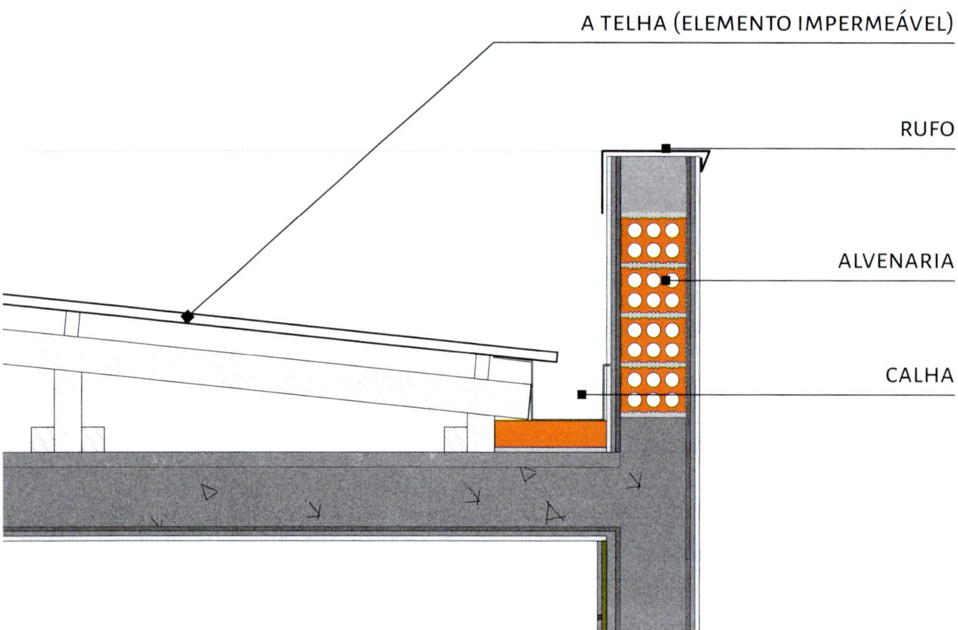

Figura 5.22 - Detalhe platibanda.

COBERTURAS PLANAS OU TERRAÇOS

São um dos principais elementos construtivos de uma edificação e, por isso, necessitam de materiais com qualidade e certificados, bem como de uma concepção e execução minuciosas. Os terraços são áreas muito sensíveis às condições ambientais de insolação direta, agentes poluentes agressivos, deformações devido a cargas de serviço, recalque de fundações e pelo próprio trânsito de pessoas. Em coberturas planas transitáveis, devem ser previstos uma camada de regularização dando o sentido do caimento, a impermeabilização, o isolamento térmico, a proteção mecânica e o piso, além de cuidados com o arredondamento das bordas nos cantos entre a platibanda e laje.

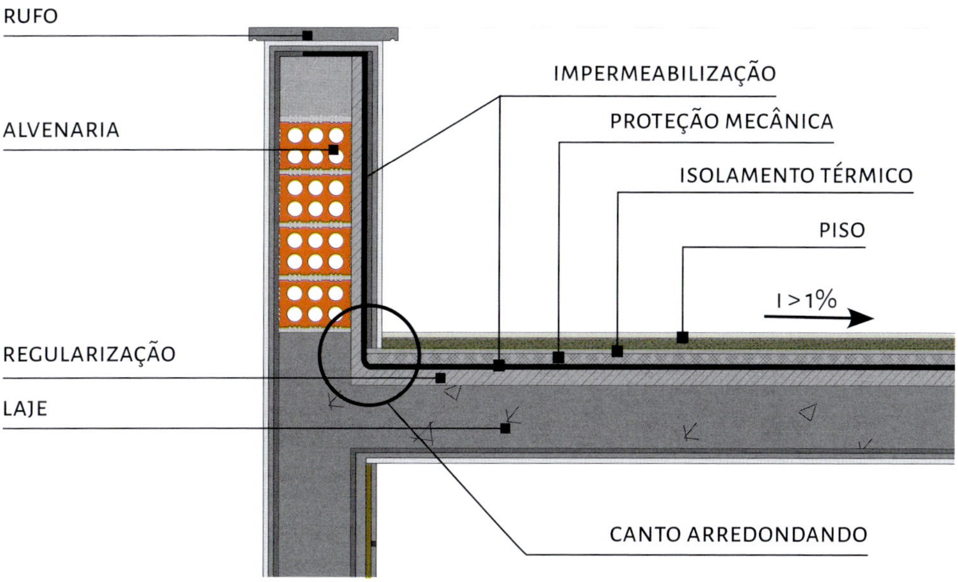

Figura 5.23 - Detalhe cobertura plana ou terraço.

5.3.5 BANHEIRO

O banheiro é um dos ambientes mais críticos de uma casa ou apartamento, pois acabam causando incômodos devido a vazamentos e infiltrações. De preferência, os banheiros devem ser executados com lajes maciças, a fim de garantir a estanqueidade à água. Além disso, deve existir um sistema que permita a ventilação e secagem do ambiente do banheiro (janela, portas ou dutos forçados). A região mais crítica é a região do box, que deve apresentar um desnível em relação a área onde se encontra a pia e vaso sanitário.

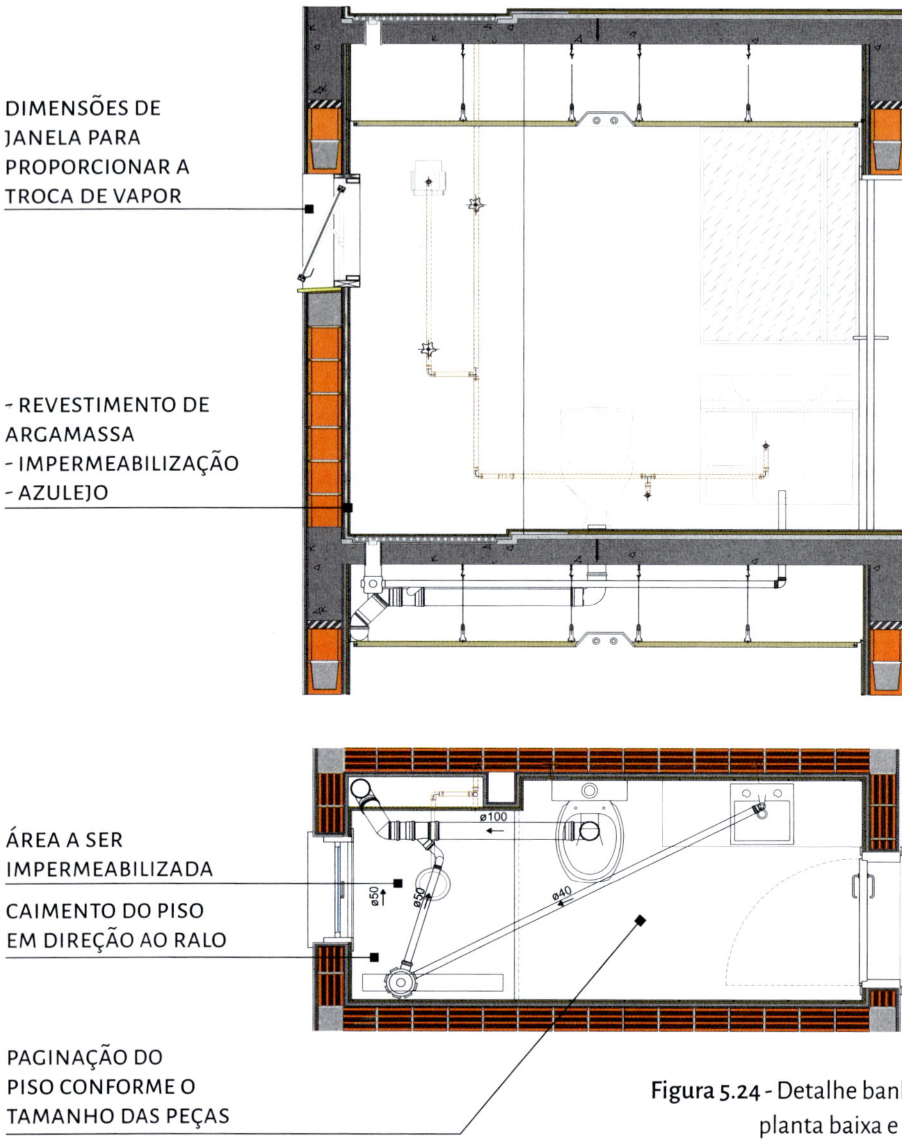

Figura 5.24 - Detalhe banheiro: planta baixa e corte.

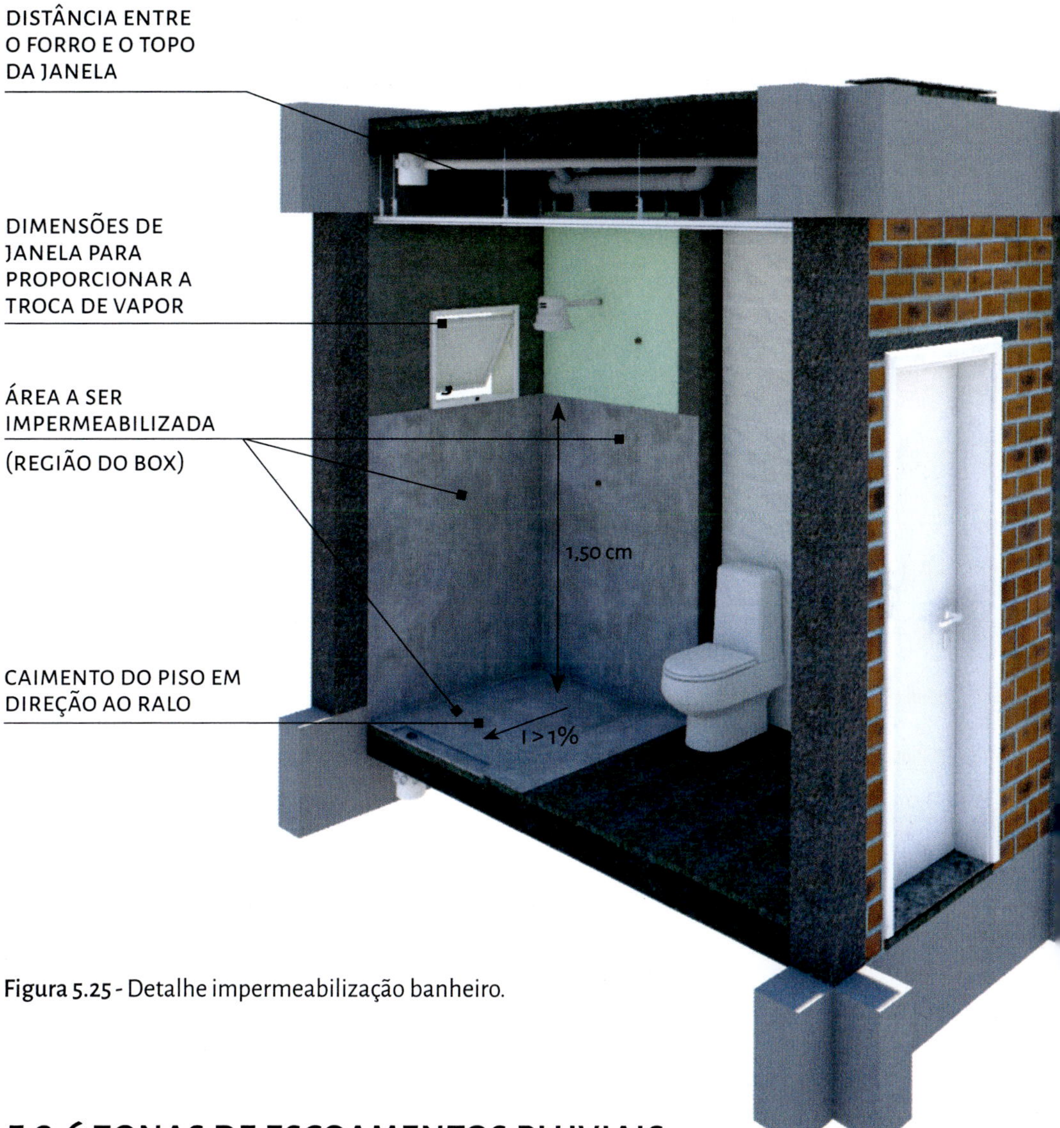

Figura 5.25 - Detalhe impermeabilização banheiro.

5.3.6 ZONAS DE ESCOAMENTOS PLUVIAIS

As zonas de escoamentos pluviais correspondem aos tubos de queda e as canaletas. A NBR 9575 (2010) descreve que a **inclinação do substrato (contrapiso ou regularização) das áreas horizontais** para o escoamento da água, deve ser de no **mínimo 1% em direção aos coletores**. Para as **calhas e áreas internas**, é permitido o **mínimo de 0,5%**. **Os coletores** devem ter diâmetro que garanta a manutenção da seção nominal dos tubos prevista no projeto hidráulico após a execução da impermeabilização, sendo o **diâmetro nominal mínimo de 75mm**, e devem ser fixados à estrutura e fechamentos.

5.4 NORMA DE DESEMPENHO

Os sistemas de impermeabilização devem garantir estanqueidade à água e, portanto, precisam atender algumas exigências. No entanto, não podemos falar em estanqueidade sem citar a norma de desempenho ABNT NBR 15575/2013. Essa Norma surgiu com o intuito de garantir a qualidade das edificações e estabelecer as exigências dos usuários ao longo do tempo, com requisitos mínimos de desempenho que devem ser considerados e atendidos.

A Norma estabelece os requisitos e critérios de desempenho aplicáveis às edificações habitacionais como um todo ou em partes para um ou mais sistemas específicos.

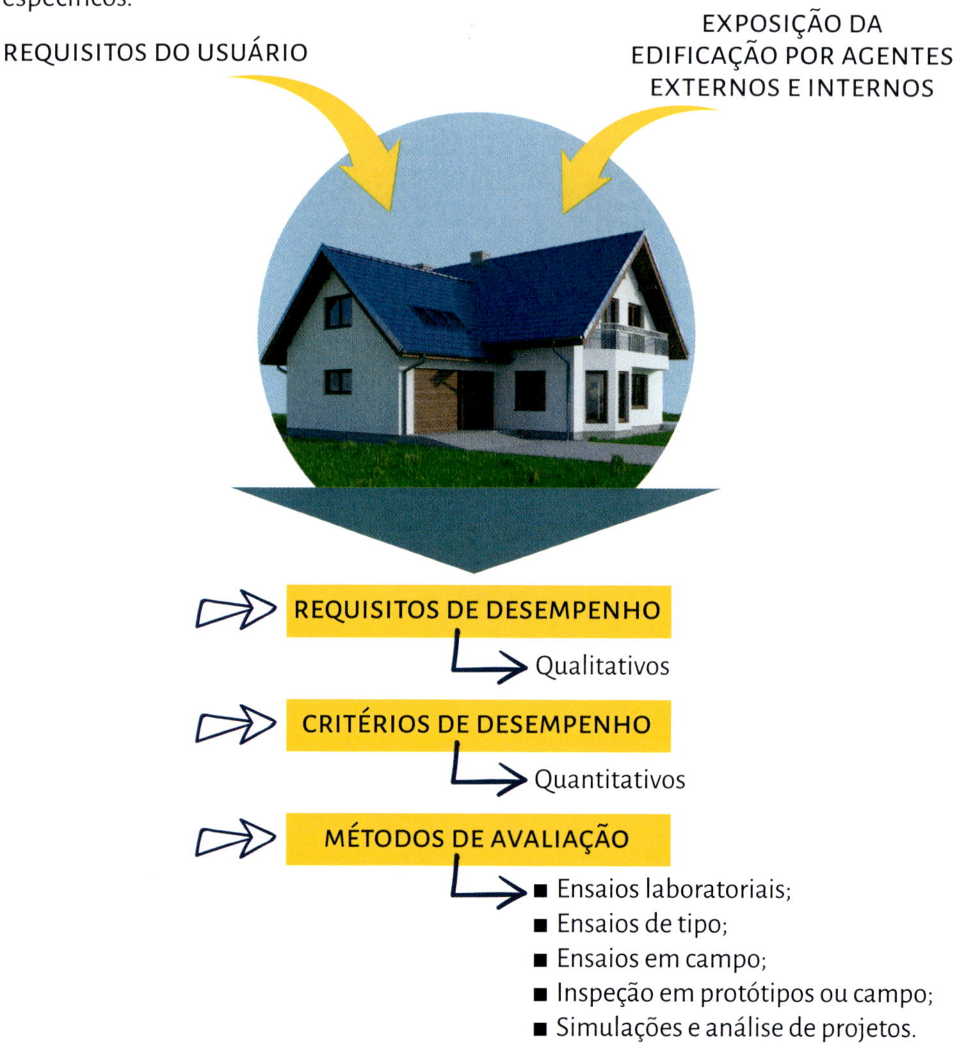

Figura 5.26 - Esquema da estrutura da ABNT NBR 15575/2013.

Dessa forma, a Norma apresenta uma lista de requisitos a serem atendidos para o estabelecimento de critérios de desempenho das edificações e ficam divididos em 3 grupos: segurança, habitabilidade e sustentabilidade.

Figura 5.27 - Esquema dos requisitos da ABNT NBR 15575/2013.

A Norma é dividida em 6 partes, sendo que cada uma apresenta os seus requisitos, critérios e métodos de avaliação.

- PARTE 01 — REQUISITOS GERAIS
- PARTE 02 — REQUISITOS PARA OS SISTEMAS ESTRUTURAIS
- PARTE 03 — REQUISITOS PARA OS SISTEMAS DE PISOS INTERNOS
- PARTE 04 — REQUISITOS PARA OS SISTEMAS DE VEDAÇÕES VERTICAIS EXTERNAS E INTERNAS
- PARTE 05 — REQUISITOS PARA OS SISTEMA DE COBERTURA
- PARTE 06 — REQUISITOS PARA OS SISTEMAS HIDROSSANITÁRIOS

Os níveis de desempenho para os diferentes sistemas são estabelecidos em mínimo (M), intermediário (I) ou superior (S), sendo estabelecido para atender as exigências e necessidades o desempenho mínimo (M) como satisfatório.

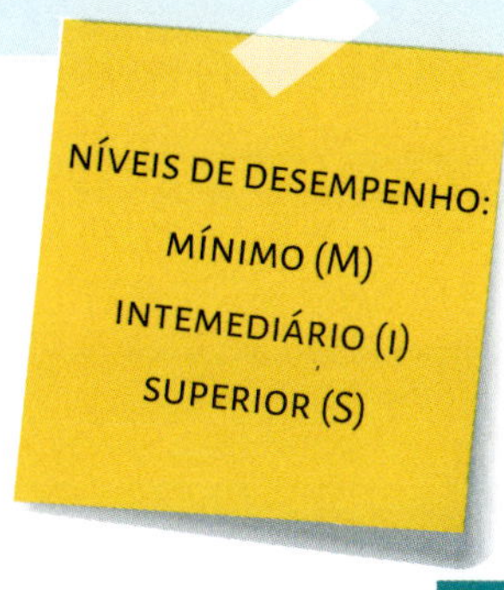

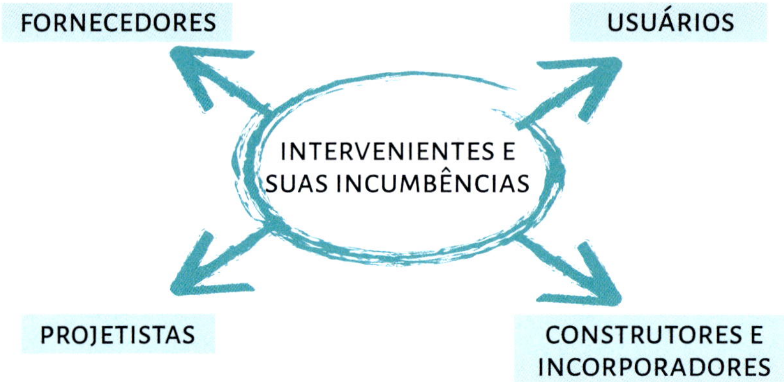

FORNECEDORES: Responsáveis por caracterizar o desempenho conforme a norma.

PROJETISTAS: Responsáveis por:
- estabelecer a vida útil de projeto (VUP) de cada sistema que compõe a norma;
- especificar materiais, produtos e processos que atendam o mínimo estabelecido na norma.

CONSTRUTORES E INCORPORADORES: Responsáveis pela elaboração e entrega do manual de uso, operação e manutenção da unidade residencial ao proprietário (usuário), atendendo a ABNT NBR 14037. Responsáveis por identificar os riscos previsíveis na época do projeto, devendo providenciar estudos técnicos específicos e repassar aos projetistas as informações necessárias.

USUÁRIOS: Responsável por realizar a manutenção de acordo com o manual de uso, operação e manutenção. Não pode efetuar nenhuma modificação que prejudique o desempenho original.

VIDA ÚTIL (**VU**) X VIDA ÚTIL DE PROJETO (**VUP**)

O bom desempenho de uma edificação a torna mais estável por mais tempo. A durabilidade de uma edificação se caracteriza por seu sistema de desempenhar suas funções ao longo do tempo, sob condições de uso e manutenção. Expressa o período esperado de tempo em que um produto tem potencial de cumprir as funções a que foi destinado, num patamar de desempenho igual ou superior àquele predefinido (CBIC, 2013). Esse período esperado é descrito através das expressões vida útil (VU) ou vida útil de projeto (VUP).

Vida Útil (VU): *"Período de tempo em que um edifício e/ou seus sistemas se prestam às atividades para as quais foram projetados e construídos, com o atendimento dos níveis de desempenho previstos na NBR 15.575 (2013), considerando a periodicidade e a correta execução dos processos de manutenção especificados no respectivo manual de uso, operação e manutenção (a vida útil não pode ser confundida com o prazo de garantia legal ou contratual)".*

Vida Útil de Projeto (VUP): *"Período de tempo estimado para o qual um sistema é projetado, a fim de atender aos requisitos estabelecidos na NBR 15.575 (2013), considerando o atendimento aos requisitos das normas aplicáveis, o estágio do conhecimento no momento do projeto e supondo o atendimento da periodicidade e correta execução dos processos de manutenção especificados no respectivo manual de uso, operação e manutenção (a VUP não pode ser confundida com o tempo de vida útil, durabilidade e prazo de garantia legal ou contratual)".*

Yazigi (2009) descreve a vida útil de uma impermeabilização como o período decorrido desde o término dos serviços de impermeabilização até o momento em que os componentes atingem o ponto de fadiga que compromete o seu desempenho desejável e, assim, precisa de manutenção ou reparação.

Para garantir a VU da impermeabilização, a edificação deve garantir estanqueidade aos fatores climáticos. Para isso, a ABNT NBR 15575-1 (2013) descreve que a exposição à água da chuva, à umidade proveniente do solo e à proveniente do uso da edificação habitacional deve ser considerada em projeto, pois a umidade acelera os mecanismos de deterioração e acarreta a perda das condições de habitabilidade e de higiene do ambiente construído.

No que tange os critérios para assegurar estanqueidade, as partes da norma de desempenho abordadas são: a Parte 1, que refere-se a "Requisitos gerais"; a Parte 3, a "Requisitos para os sistemas de pisos"; a Parte 4, a "Requisitos para sistemas de vedações verticais internas e externas"; a Parte 5, a "Requisitos para os sistemas de coberturas"; e a Parte 6, a "Requisitos para sistemas hidrossanitários".

A tabela a seguir tem um compilado de todas as partes da norma que abordam a estanqueidade, apresentando os requisitos e critérios de desempenho necessários:

ESTANQUEIDADE

PARTE DA NORMA ABNT NBR 15575	REQUISITOS	CRITÉRIOS
PARTE 01 REQUISITOS GERAIS	Estanqueidade a fontes de umidade externas à edificação.	- Estanqueidade à água da chuva e à umidade do solo e do lençol freático.
	Estanqueidade a fontes de umidade internas à edificação.	- Estanqueidade à água utilizada da operação, uso e manutenção do imóvel.
PARTE 03 REQUISITOS PARA OS SISTEMAS DE PISOS	Estanqueidade do sistema de pisos em contato com a umidade ascendente.	- Estanqueidade de sistema de pisos em contato com a umidade ascendente (considerar a altura máxima do lençol freático do local da obra).
	Estanqueidade de sistemas de pisos de áreas molháveis da habitação.	- Critério de estanqueidade não aplicável – áreas molhadas não são estanques.
	Estanqueidade de sistemas de pisos de áreas molhadas (impedir a passagem da umidade para outros elementos construtivos da edificação).	- Estanqueidade de sistemas de pisos de áreas molhadas (não podem permitir o surgimento de umidade).
PARTE 04 REQUISITOS PARA SISTEMAS DE VEDAÇÕES VERTICAIS INTERNAS E EXTERNAS	Infiltração de água nos sistemas de vedação verticais externas – fachadas (ser estanque à água proveniente de chuvas incidentes ou de outras fontes).	- Estanqueidade a água da chuva, considerando-se a ação dos ventos, em sistemas de vedações verticais externas – fachadas.
	Umidade nas vedações verticais externas e internas decorrentes da ocupação do imóvel.	- Estanqueidade de vedações verticais internas e externas com incidência direta de água – áreas molhadas. - Estanqueidade de vedações verticais internas e externas em contato com áreas molháveis (não pode ocorrer a presença de umidade perceptível nos ambientes contíguos).
PARTE 05 REQUISITOS PARA SISTEMAS DE COBERTURAS	Condições de salubridade no ambiente habitável (ser estanque a água de chuva, evitar a formação de umidade e evitar a proliferação de insetos e micro-organismos).	- Critério de impermeabilidade (não pode apresentar escorrimento, gotejamento de água ou gotas aderentes). - Estanqueidade do sistema de cobertura. - Estanqueidade das aberturas de ventilação. - Critério para captação e escoamento de águas pluviais. - Estanqueidade para o sistema de cobertura impermeabilizado.
PARTE 06 REQUISITOS PARA SISTEMAS HIDROSSANITÁRIOS	Estanqueidade das instalações dos sistemas hidrossanitários de água fria e água quente.	- Estanqueidade à água do sistema de água. - Estanqueidade à água de peças de utilização.
	Estanqueidade das instalações dos sistemas de esgoto e de águas pluviais.	- Estanqueidade das instalações de esgoto e de águas pluviais. - Estanqueidade à água das calhas.

Figura 5.28 - Esquema dos requisitos, critérios e premissas de projeto da ABNT NBR 15575/2013 que abrage a estanqueidade.

ALGUMAS PREMISSAS DE PROJETO PARA ESTANQUEIDADE, CONFORME ABNT NBR 15575:

PARTE 01

Devem ser previstos nos projetos a prevenção de infiltração da água de chuva e da umidade do solo nas habitações, indicando alguns detalhes como:
- drenagem adequada da água de chuva em ruas, lotes ou entorno;
- sistema que impeça a penetração da água em porões e subsolos, jardins contíguos às fachadas e quaisquer paredes em contato com o solo;
- sistemas que impeçam a penetração da água em fundações e pisos em contato com o solo;
- ligação entre os diversos elementos construtivos (como parede e estrutura, telhado e paredes).

PARTE 03

O projeto deve apresentar o sistema de impermeabilização que impeça a ascenção da água ou umidade para o sistema de pisos, indicando:
- a estanqueidade à umidade;
- resistência mecânica contra danos durante a construção e utilização do imóvel;
- previsão eventual de um sistema de drenagem.

PARTE 04

O projeto deve indicar os detalhes construtivos para as interfaces e juntas entre componentes com objetivo de:
- facilitar o escoamento da água;
- evitar a sua penetração para o interior da edificação.

O projeto deve contemplar também obras de proteção no entorno da contrução, a fim de evitar o acúmulo de água nas bases da fachada da edificação.

PARTE 05

O projeto deve indicar:
- os detalhes construtivos que assegurem a não ocorrência de umidade e de suas consequências estéticas no ambiente habitável;
- mencionar as Normas Brasileiras dos componentes para o sistema de cobertura ou a indicação do fabricante do componente telha ou outras normas;
- detalhar a sobreposição de peças, dimensões dos panos, declividade, inidicar acessórios necessários, materiais e arremates assegurando a estanqueidade e as avarias decorrentes das movimentações térmicas, entre outros;
- considerar a avaliação da capacidade do sistema de captação e drenagem pluvial da cobertura;
- especificar caimentos, encontro de panos, projeções dos beiras, encaixes, entre outros;
- especificar o sistema de impermeabilização de lajes de cobertura, terraços e outros.

PARTE 06

Não possui premissas de projeto para estanqueidade em sistemas hidrossanitários, como as demais partes; no entanto, entende-se que o projeto necessita obeceder as normas existentes para o mesmo.

5.5 REFERÊNCIAS

ABNT. ASSOCIAÇÃO BRASILEIRA DE NORMAS TÉCNICAS:

______. **NBR 9574**: Execução de Impermeabilização. Rio de Janeiro, 2008.

______. **NBR 9575**: Impermeabilização – Seleção e Projeto. Rio de Janeiro, 2010.

______. **NBR 15575**: Edificações habitacionais – Desempenho. Parte 1: Requisitos gerais. Rio de Janeiro, 2013.

CBIC – Câmara Brasileira da Indústria da Construção. **Desempenho de edificações habitacionais: guia orientativo para atendimento à norma ABNT 15575/2013.** Fortaleza: Gadioli Cipolla Comunicação, 2013.

CHING, Francis D. K.. **Técnicas de Construção Ilustradas.** Tradução técnica: Alexandre Salvaterra. 4. ed. Porto Alegre: Bookman, 2010.

FARIA, Renato. **Projetista de impermeabilização.** In: Revista Téchne. Edição 146 – Maio/2009. Disponível em: <http://techne.pini.com.br/engenharia-civil/146/artigo287655-1.aspx>. Acesso em: 30/07/2017.

MACIEL, Carlos Alberto. **Arquitetura, projeto e conceito.** In: Site Vitruvius. Dezembro/2003. Disponível em: <http://www.vitruvius.com.br/arquitextos/arq000/esp211.asp>. Acesso em: 31/07/2017.

PICCHI, Flávio Augusto. **Impermeabilização de coberturas**. São Paulo: Pini: Instituto Brasileiro de Impermeabilização, 1986.

SOUZA, Júlio César Sabadini de; MELHADO, Silvio Burratino. **Diretrizes para uma metodologia de projeto de impermeabilização de pisos do pavimento tipo de edifícios.** XXVII Encontro Nacional de Engenharia de Produção. Foz do Iguaçu, 1997.

YÁZIGI, Walid. **A técnica de edificar.** 10. ed. São Paulo: Pini: SindusCon, 2009.

6 Manifestações patológicas causadas pela umidade

6. MANIFESTAÇÕES PATOLÓGICAS CAUSADAS PELA UMIDADE

Como se viu ao longo dos capítulos anteriores, podemos aprender o quanto a água é a grande causadora de problemas nas edificações, comprometendo a estabilidade, a durabilidade, a saúde, ou seja, a habitabilidade do edifício como um todo ou em parte dele. Entre os principais causadores das infiltrações ou problemas relacionados com a presença da umidade, estão a falta de projeto, o uso inadequado de materiais e erros na execução dos diferentes sistemas de impermeabilização.

Este capítulo tem por objetivo apresentar algumas das manifestações patológicas provocadas pela ação da água, como goteiras, manchas, mofo, apodrecimento, ferrugem, eflorescências, criptoflorescências, gelividade e deterioração. A seguir será feita uma breve análise das principais manifestações patológicas causadas pela umidade.

6.1 GOTEIRAS E MANCHAS

Esse tipo de manifestação patológica é caracterizado pelo aparecimento de manchas de umidade que surgem quando a água ultrapassa um meio ou barreira, como por exemplo, nos forros ou nas paredes. Em algumas situações e a depender da quantidade, a água pode causar goteiras e manchas, que por consequência provocam destacamentos do elemento

Figura 6.1 - Foto de uma infiltração por gotejamento do pavimento superior, atingindo o forro do pavimento inferior.

construtivo (VERÇOZA, 1987). Por exemplo, a água no seu estado líquido ou vapor ao atravessar um obstáculo como um forro ou uma parede, pode carrear sais solúveis provocando manchas ou até mesmo o destacamento de parte ou de todo o elemento. A presença da umidade produz a deterioração dos materiais de construção pelas mudanças volumétricas por expansão ou retração, propagação de microrganismos, alterações químicas e, por consequência, alterações estéticas e visuais. A presença dessas manchas por umidade, acaba desagradando o proprietário do imóvel, pois muitas

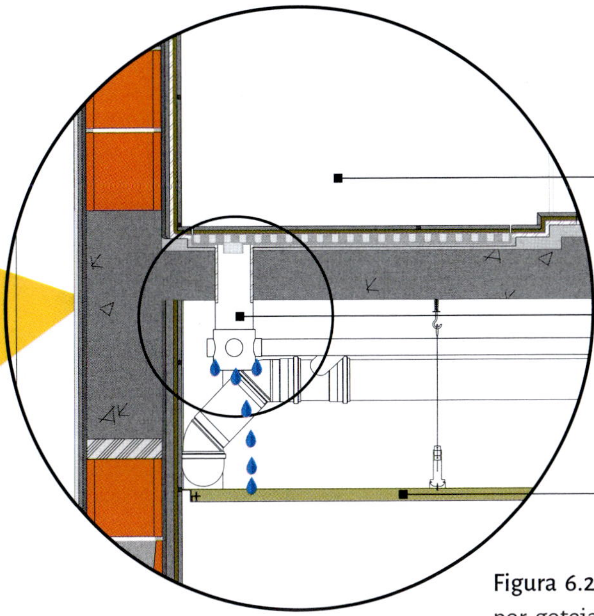

Figura 6.2 - Representação de uma infiltração por gotejamento do pavimento superior atingindo o forro do pavimento inferior.

vezes, esse tipo de problema é admitido como parte da construção. As manchas por umidade alteram a coloração, provocam o destacamento da pintura e causam a desagregação do revestimento. Nos banheiros, em algumas situações podem ocorrer falhas maiores, principalmente quando as goteiras levam ao desabamento dos forros de gesso devido ao aumento do peso por consequência da existência de água interna.

6.2 MOFO E BOLOR

É uma alteração observável macroscopicamente na superfície de diferentes materiais, por consequência do desenvolvimento de microrganismos pertencentes ao grupo dos fungos. O aparecimento do mofo nas edificações está associado a existência de água e temperatura decorrentes de infiltrações pluviais, água e esgoto; as

Figura 6.3 - Foto de manifestação de mofo em parede e teto.

Figura 6.4 - Desenvolvimento de fungos na fachada do edifício.

acumuladas em superfícies planas sem o devido caimento necessário, ou em superfícies verticais sem a estanqueidade de vida, ou a impermeabilidade garantida pela pintura; também, devido a condensação externa ou interna do vapor de água na parede em banheiros e cozinhas; a umidade presente durante a construção; a umidade ascensional do solo; a umidade de respingo (YÁZIGI, 2009). Ambientes sem ventilação adequada, que não permitem a troca de ar úmido e a consequente secagem superficial, são propícios para a propagação de mofo ou bolor na superfície da parede ou da laje. O mofo e o bolor, são fungos que precisam da combinação entre o ar e a água para se desenvolverem, não se proliferam em ambientes absolutamente secos. Logo, para eliminar o mofo é preciso diminuir a umidade, aumentar as áreas de ventilação (janelas) ou permitir a ventilação cruzada.

6.3 FERRUGEM OU CORROSÃO

Os materiais metálicos são produzidos a partir de elementos metálicos, de forma simples ou combinada (ligas metálicas), podendo também apresentar elementos não metálicos em sua composição. A partir das ligas metálicas, são produzidos materiais com propriedades e usos específicos. O aço, utilizado para a produção de estruturas de concreto armado, é um exemplo de uma liga ferro-carbono (Fe-C). Eles

Figura 6.5 - Foto de corrosão da armadura.

apresentam excelentes propriedades mecânicas, atingindo resistências à tração da ordem de 600 MPa. Entretanto, são suscetíveis à corrosão na presença de umidade e oxigênio. O processo de corrosão ocorre por reações de oxirredução entre o metal (Fe) e o oxigênio (O_2) ocorrendo a formação da ferrugem, que apresenta uma coloração

Neste caso, a corrosão ocorreu em uma esquadria metálica, que por falta de vedação, a ação da água deu início ao processo corrosivo, degrandando tanto a esquadria, quanto a parede

Figura 6.6 - Foto de corrosão de esquadria devido ao contato com umidade.

marrom-avermelhada, com pouca aderência, e de volume maior quanto ao volume de aço original da estrutura que sofreu o processo de corrosão. Por essa razão, a NBR 6118 (ABNT, 2014) apresenta as diretrizes de projeto e execução de estruturas de concreto armado, com o objetivo de minimizar efeitos de corrosão do aço em estruturas de concreto armado, pois a ferrugem formada pelo processo de corrosão do aço gera tensões de tração internas no concreto, devido ao aumento de volume, conduzindo ao aparecimento de fissuras na superfície do material e posterior destacamento do concreto, caso não sejam realizados os procedimentos de recuperação estrutural da área afetada. Além desses fatores, em ambientes em que o concreto armado fique exposto às intempéries, como em lajes de terraço ou em piscinas, o sistema de impermeabilização da estrutura se faz necessário. O aço presente na estrutura de concreto armado apresenta uma camada passivadora em sua superfície devido ao pH do concreto ser de 12,5, proporcionado principalmente pela portlandita ($CaOH_2$), produto de hidratação do cimento Portland. Sem o sistema de impermeabilização, corre-se o risco de haver percolação de água interna pelo concreto, o que pode causar a lixiviação e solubilização da portlandita e a despassivação do aço com início do processo de corrosão da armadura de aço.

A corrosão no aço promove a diminuição de sua seção ou sua conversão total em óxido, a redução da aderência entre o aço e o concreto e a consequente perda da capacidade estrutural do elemento de concreto. A presença simultânea de umidade e oxigênio é fundamental para que o processo corrosivo ocorra.

6.4 EFLORESCÊNCIAS OU CRIPTOFLORESCÊNCIAS

São formações de sais nas superfícies das paredes, dissolvidos no seu interior pela umidade (VERÇOZA, 1987). Henriques (2007) explica que a deposição desses sais à superfície da parede origina a formação de eflorescências. Quando a cristalização ocorre sob os revestimentos da parede, formam as criptoflorescências. A existência das criptoflorescências as quais identificadas como formações de mesma

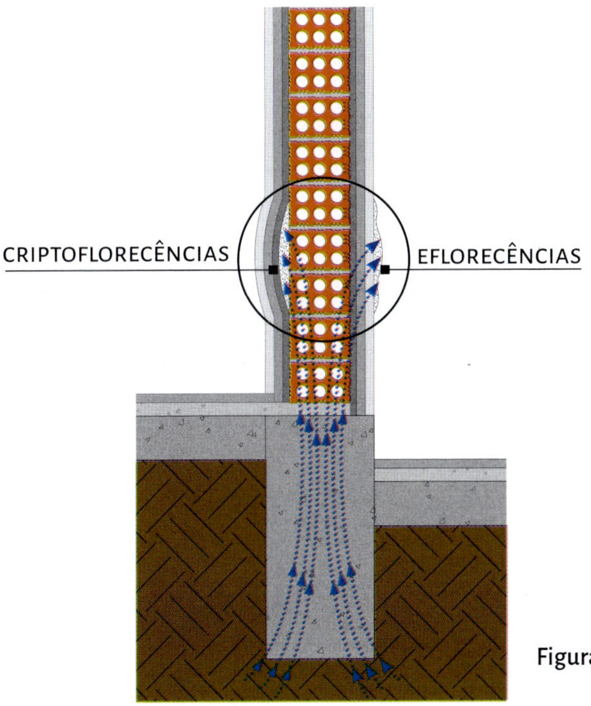

Figura 6.7 - Fenômenos de higroscopicidade.

origem e mecanismo que as eflorescências, se diferem pela formação de grandes cristais fixados no interior da própria parede ou estrutura. Seu crescimento pode gerar uma pressão de tamanha amplitude que as torna capazes de promover fissuras ou até mesmo rachaduras. Cruz (2003) aponta que as eflorescências são uma das principais consequências dos fenômenos relacionados a higroscopicidade. Esse mecanismo de formação de eflorescência aparece frequentemente na superfície das paredes, com aspecto de manchas, geralmente brancas, podendo causar o descolamento ou descoloramento da pintura. Verçoza (1987) destaca que nos reservatórios é comum que apareçam sais no fundo, na forma de estalactites, e nas paredes na forma de um pó branco. Os maiores causadores das criptoflorescências são os sulfatos, que ao receberem água, aumentam muito o volume. Mesmo que a pressão seja pequena, as criptoflorescências desagregam os materiais, principalmente a camada superficial do revestimento.

Eflorescência em parede próxima ao solo, onde, por infiltração de água por capilaridade, atinge a alvenaria e causa bolhas e o descolamento da pintura

Figura 6.8 - Eflorescência em alvenaria.

Figura 6.9 - Formação de estalactite.

6.5 GELIVIDADE

A água em canais capilares congela a temperatura próxima a 0°C, aumentando o seu volume ao se solidificar. O contrário também é válido, ou seja, a água diminui o volume no seu derretimento. Quando a água é presente nos poros e canais capilares dos tijolos e do concreto tende a congelar nos dias frios, com isso aumenta o seu volume e, por consequência, gera uma tensão interna que pode levar o material a desagregar internamente (VERÇOZA, 1987).

6.6 ALGUNS EXEMPLOS DE MANIFESTAÇÕES PATOLOGICAS DEVIDO A PROBLEMAS NAS INTERFACES ESQUADRIA/ALVENARIA

As manchas por umidade no entorno das esquadrias são uns dos principais problemas enfrentados em fachadas de edificações. Grande parte destas manifestações patológicas se devem a falta de projetos ou de detalhamentos precários da compatibilidade entre as alvenarias e as esquadrias. Os espaços deixados e a falta de um material impermeabilizante, entre a abertura e a esquadria, são fatores importantes para a ocorrência deste tipo de patologia. Por isso, é importante que o profissional responsável pela obra considere pontos fundamentais, tais como, comprimento, inclinação e vedação do peitoril das aberturas. O peitoril pode passar muitas vezes despercebido pelos projetistas, mas é de fundamental importância para garantir que a água não se acumule no entorno da abertura e necessariamente escoe para fora da edificação. Por exemplo, peitoris muito curtos, ou seja, com a mesma dimensão do comprimento da esquadria, podem produzir manchas laterais na parede, devido a sujidade ou ao pó acumulado nas laterais da janela. Deve-se ter muito cuidado nos encontros entre o peitoril/parede/esquadria. A seguir, apresentamos alguns exemplos de problemas relacionados a falta de preocupação nos detalhamentos e nas especificações dos materiais.

Umidade generalizada
no entorno da alvenaria
e da abertura

Figura 6.10 - Umidade presente no entorno da abertura por problemas de peitoris e incidência da chuva lateral.

Figura 6.11 - Umidade presente no entorno da abertura por problemas de peitoris e incidência da chuva lateral.

Detalhes do contato entre a parede e o peitoril – peitoril com pouca inclinação e um pequeno avanço nas laterais da parede, produzindo manchamentos no lado externo da parede.

Figura 6.12 - Encontro do peitoril e da alvenaria.

Utilização de um silicone para a vedação do espaço entre a esquadria e o peitoril a fim de evitar a entrada de umidade e manchamento na parte interna da parede. Na interface parede pedra, não foi tomado o devido cuidado na impermeabilização com o material vedante e impermeabilizante.

Figura 6.13 - Vedação com o emprego de silicone entre a esquadria e o peitoril.

Figura 6.14 - Falta de vedação entre as duas pedras do peitoril.

Na Figura 6.14, é possível observar que não foi efetuada a vedação com algum tipo de selante entre o marco da esquadria metálica e a soleira em basalto, de modo que o ingresso de fluídos nesta interface é bastante favorecido. As condições climáticas adversas, como chuva e vento, potencializam este ingresso de fluídos para as paredes internas da edificação, podendo ocasionar manchas de umidade e a desagregação do revestimento nas regiões próximas as esquadrias. Já é possível observar na figura, pontos de corrosão no próprio marco da esquadria, o que pode ser favorecido pelo ingresso de fluídos nesta interface, gerando um apodrecimento na parte interna do marco, geralmente sem uma pintura de proteção.

Na Figura 6.15, observa-se que foi colocado pingadeira, para evitar que a água ingresse pelo entorno do vão, porém, na região de encontro de soleiras contíguas não foi colocado selante, permitindo o ingresso de fluídos por esta interface, o que pode acabar ocasionando manchas de umidade na parte interna próximo as esquadrias.

Figura 6.15 - Detalhe inferior do encontro entre as pedras do peitoril.

Nas imagens a seguir, houve um erro de projeto, que não previu uma diferença de nível entre as áreas externa e interna da edificação, o que acarreta em um deslocamento da água da chuva para o piso interno. Soma-se a isso, o caimento do piso e o posicionamento de poucos ralos secos durante a execução da obra para o escoamento da água da chuva. É possível observar que o piso interior e exterior à esquadria ficaram praticamente no mesmo nível, de modo que, qualquer deficiência no sistema de selagem da interface entre o marco de alumínio e a cerâmica, favorece o ingresso da água. Além disso, observa-se que a pingadeira foi colocada em nível ligeiramente superior ao revestimento cerâmico, criando uma área propícia para o acúmulo de água em chuvas mais intensas, já que o coletor pluvial existente permite baixa vazão.

Figura 6.16 - Entrada de umidade da parte externa para a interna pela falta de diferença de nível entre os pisos.

Nesta imagem, vemos que o revestimento externo foi realizado sem a execução da junta de controle no revestimento externo entre as vigas e as paredes, propiciando surgir fissuras devido as movimentações naturais da estrutura.

Figura 6.17 - Falta de junta de controle no revestimento externo da edificação entre os pisos.

No caso a seguir, podemos visualizar um erro na execução das vigas baldrames e no preenchimento do aterro que fará parte do contrapiso. Como premissa básica, o sistema de impermeabilização deve garantir a não subida da água do solo até as alvenarias. A precária execução da impermeabilização das vigas baldrames da edificação com a aplicação apenas do hidroasfalto sob as superfícies da viga, não garante de forma alguma a estanqueidade a água. O preenchimento do aterro até o limite superior da viga faz com que, onde posteriormente serão executadas as camadas drenantes e o contrapiso de concreto ficaria no mesmo nível da alvenaria de blocos ou tijolos. Esse erro de projeto, irá facilitar o caminho percorrido pela umidade do solo até para o caso específico, o bloco cerâmico estrutural. Depois de executado o contrapiso de concreto, o piso acabado poderá ficar na metade da altura da primeira fiada do bloco, permitindo a passagem da umidade para a parede de alvenaria de blocos estruturais cerâmicos.

Figura 6.18 - Bloco cerâmico assentado no mesmo nível do contrapiso interno da edificação.

Na próxima figura, é possível observar a presença da umidade ascensional, como exemplificado anteriormente. Neste caso, provavelmente a deficiência na impermeabilização da viga baldrame, permitiu com que a umidade do terreno e do entorno ingressasse na alvenaria. Pelo princípio dos vasos comunicantes, a umidade ascende pela alvenaria e o revestimento, até a altura de aproximadamente 0,60 m. A presença da umidade acaba ocasionando bolhas na pintura, desagregação da argamassa devido a presença de sais solúveis, e destacamentos da pintura. Os ciclos de molhagem e secagem, acabam levando ao descascamento da pintura e a subsequente desagregação do revestimento argamassado, tornando-o pulverulento.

Figura 6.19 - Umidade ascensional, produzindo descascamento e desagregação do revestimento das primeiras fiadas.

6.7 REFERÊNCIAS

CRUZ, Júlio Henrique Pinto. **Manifestações Patológicas de Impermeabilizações com Uso de Sistema Não Aderido de Mantas Asfálticas: Avaliação e análise com auxílio de sistema multimídia.** Programa de Pós-Graduação em Engenharia Civil, 2003. Dissertação (Mestrado em Engenharia Civil). Universidade Federal do Rio Grande do Sul, Porto Alegre, 2003.

HENRIQUES, Fernando M. A. **Humidade em paredes.** 4. ed. Lisboa: LNEC, 2007.

LAPA, J. S. **Patologia, recuperação e reparo das estruturas de concreto**. Monografia (Especialista em Construção Civil). Universidade Federal de Minas Gerais, Belo Horizonte, 2008.

VERÇOZA, Enio José. **Impermeabilização na Construção**. 2. ed. Porto Alegre: Sagra, 1987.

YÁZIGI, Walid. **A técnica de edificar.** 10. ed. São Paulo: Pini: SindusCon, 2009.

Impressão e Acabamento
Bartiragráfica
(011) 4393-2911